给孩子的生物认知课

冯智 著

浙江人民出版社

图书在版编目（CIP）数据

给孩子的生物认知课 / 冯智著. -- 杭州 : 浙江人
民出版社, 2025. 6. -- ISBN 978-7-213-11942-2

Ⅰ. Q-49

中国国家版本馆CIP数据核字第2025WS9032号

给孩子的生物认知课
GEI HAIZI DE SHENGWU RENZHI KE

冯智　著

出版发行：浙江人民出版社（杭州市环城北路 177 号　邮编　310006）

　　　　　市场部电话：（0571）85061682　85176516

责任编辑：尚　婧

策划编辑：陈世明

责任校对：何培玉

责任印务：幸天骄

封面设计：李　一

电脑制版：北京五书同创文化发展有限公司

印　　刷：杭州丰源印刷有限公司

开　　本：710 毫米 × 1000 毫米　1/16　　印　　张：16

字　　数：154 千字　　　　　　　　　　插　　页：1

版　　次：2025 年 6 月第 1 版　　　　　印　　次：2025 年 6 月第 1 次印刷

书　　号：ISBN 978-7-213-11942-2

定　　价：59.80 元

如发现印装质量问题，影响阅读，请与市场部联系调换。

目　录

Part 1

生命的共振：探秘奇妙生物圈

01

生命的起源：我们来自星星吗

在浩瀚无垠的宇宙中，生命的奥秘一直是人类最为着迷的主题之一。

每当仰望星空时，我们总会不由自主地思考：我们与那些遥远的星辰是否存在某种神秘的联系？我们的生命起源是否与宇宙有着不可分割的关系？

亲爱的孩子们，你们是否想过生命是如何诞生的？

有一个诗意的比喻曾诠释这个答案——我们"来自星星"。

在宇宙的巨大熔炉中，恒星通过核聚变反应创造出生命所需的基本元素——碳、氧、氮等。当这些恒星寿终正寝，发生壮观的超新星爆发时，这些元素便如同种子一般播撒到宇宙中。它们漂流在星际空间，最终成为新的恒星系统和行星的组成部分。

太阳系就是这样形成的。大约46亿年前，一团由超新星爆发产生的星际尘埃和气体，在引力作用下坍缩，形成了太阳和围绕它运转的行星，包括我们的地球。想象一下，构成我们身体的每一个原子，都曾是遥远恒星的一部分！这种感觉是不是很奇妙！

不仅如此，科学家们还发现了更多证据，以支持生命起源与宇宙物质存在密切关联的假说。例如，在陨石中发现了氨基酸等有机分子，这些分子是生命的重要组成部分。一些科学家还提出了"泛胚种论"，认为简单的生命形式可能是通过陨石等"宇宙快递"从外太空来到地球的！

虽然生命的基本"原料"可能部分来自太空，但是生命的形成还需要在地球经历一段漫长而神奇的旅程。

从星际物质到复杂的生命形式，中间还有很长的演化过程。地球上的生命是如何从简单的化学分子演化而来的，仍然是一个未解之谜。

科学家们正在努力探索各种可能的方向，如深海热泉理论、RNA（核糖核酸）世界假说等。

科学家们认为，地球上的第一批生命体可能诞生于35亿至40亿年前，它们在原始海洋中通过化学反应，从无机物合成的有机分子逐渐演化而来。

当时的地球环境已具备生命诞生的关键条件，有水、碳源和其他必要的化学物质。

在这个原始的"生命汤"[①]中，简单的无机物发生化学反应，生

---

① 通常指原始海洋中的有机分子混合液。

成了含碳的有机分子，这些有机分子是构成生命的"积木块"。

这些有机分子可以在特定条件下结合成更复杂的生物大分子，如脂类、蛋白质和核酸分子，它们缓慢积累着生命的"砖块"。

在漫长的地球早期进化过程中，这些生物大分子经过长期聚集与化学反应，逐渐自组装成为原始的细胞结构，形成一个个"小泡泡"[1]，这或许是最早的原始细胞！

小细胞会生长、繁殖，并且进化[2]。海洋里遍布着这些早期的细胞，它们互相竞争、合作[3]，在随后的30亿年中，生命不断地演化、进化，最后出现了我们今天看到的复杂生命形式。

这就是我们生命的起源！

虽然过程漫长，但生命的诞生并不需要奇迹，只需遵循自然法则。

我们还无法完全解答生命起源的所有疑问，但可以肯定的是，我们与宇宙有着深刻的联系。

这个认知不仅具有科学意义，也赋予了我们对生命的全新认识。它提醒我们，虽然地球是我们的家园，但我们的起源和未来都与更广阔的宇宙息息相关。

探索生命起源的旅程仍在继续。随着科技的进步和人类对宇宙

---

[1]　这里是指脂质囊泡。
[2]　早期原始细胞是无法自主繁殖或进化的，其通过吸收环境中的有机物进行代谢，某些膜结构可能在分裂过程中被动分离，形成类似繁殖的现象。
[3]　这里是指分子层面的自然选择。

认知的深入，我们或许能够更好地理解自己在宇宙中的位置以及生命存在的意义。无论如何，知道我们与星星有着如此密切的联系，无疑会让我们对生命和宇宙怀有更多的敬畏和好奇。

孩子们，当你们再次仰望星空时，请记住：我们每个人都是宇宙的一部分，都是星星的孩子。这个宏大而美丽的宇宙故事，正在激励着我们继续探索、学习，去揭开更多关于生命和宇宙的奥秘。也许有一天，你们中的某个人，会为这个伟大的谜题找到新的答案！

02

生命大组合：从简单到复杂

生命是自然界最复杂且精妙的演化产物之一。从最简单的单细胞生物到复杂的多细胞生物，生命展现出令人惊叹的多样性和复杂性。这种复杂性是如何演变而来的呢？让我们一起探索生命的大组合过程。

生命的故事始于一些简单的化学分子。在地球早期的原始环境中，简单的无机分子，如水、二氧化碳、氨和甲烷等，在能量（如闪电、紫外线）的作用下，通过化学反应生成有机分子，如氨基酸、核苷酸等，它们是生命的基本组织模块。

随着时间的推移，这些简单的有机分子进一步通过聚合作用，形成更大、更复杂的分子。蛋白质由氨基酸连接而成，核酸（如DNA和RNA）由核苷酸组成，而脂质则形成了细胞膜的基础。其中，核酸类分子已初步具备存储遗传信息的能力。这些生物大分子及其有序组织，为生命现象的出现奠定了物质基础。

在特定环境条件下，脂质分子自发形成双分子层膜结构，包裹内部的核酸、蛋白质等大分子，形成泡状体，构成原始的细胞结构，即原始细胞的雏形。这是生命的第一个重要阶段。这些早期的细胞只有一些基本的结构，如一个由脂质膜包围的内部空间，其中含有可以自我复制的RNA分子。它们只能进行一些简单的生命活动。这些原始细胞能够维持内部环境，并且具备基本的复制能力。

随着时间的推移，这些原始细胞逐渐演化出更复杂的结构，如细胞壁，并通过内生获得更复杂的细胞器。细胞器是对一类具有特定形态结构和功能的微器官的统称。这些细胞器负责更复杂的生命功能，如同细胞进化出了一些"小器官"，比如叶绿体、线粒体等，使细胞能够更有效地利用能量和资源，DNA则逐渐取代RNA成为主要的遗传物质。

随着时间的推移，生命的复杂程度不断增加。大约21亿年前，一些细胞①开始和其他细胞合作②；大约10亿年前，真核生物开始形成简单的多细胞结构，标志着生命复杂性的重大飞跃。多细胞生物中的细胞开始分化，承担不同的功能，为更复杂的生命形式的出现铺平了道路。

随着多细胞生物的进一步演化，细胞分化为特定功能类型，并通过基因调控形成器官与系统。这使得生物体能够更有效地执行各种生命功能，如消化、呼吸、循环和神经控制等，多细胞生物因此

---

① 这里是指原核生物。

② 这里是拟人的说法，实际上是原核生物通过基因调控和细胞黏附形成多细胞聚集体。

获得更强的环境适应能力。各种系统的形成，标志着生命迈入了一个更复杂的阶段。

经过38亿年的演化，生命达到了我们今天所见的惊人的复杂性。从光合细菌到深海管虫，从地衣到热带雨林，生命以无数种形式存在于地球上。每一种生命形式都是无数个适应环境变化的演化结果，既包含复杂化，也包含特化或简化。

在数百万年的演化过程中，智人的祖先逐渐演化出现，大脑也变得越来越发达。直到今天，人类拥有可以思考、创造、学习的大脑，是现阶段地球上最复杂的生命形式。

回顾这一过程，生命仿佛爬梯一般，一步一步地往上爬，变得越来越聪明，也能做越来越多的事。随着人类的出现，生命爬到了目前最高的阶梯！

虽然用的时间很长，但只要慢慢积累，简单就能变复杂。所以，从单个分子到繁复的生命，亿万年来生命不断从简单走向复杂、多样与精妙，这是自然的伟大力量。

即便在今天，生命的复杂化过程仍在继续。通过自然选择和适应性进化，生物不断发展新的特征和能力。人类活动也在影响这个过程，通过基因工程和人工选择创造出新的生命形式。

生命从简单到复杂的演变过程是一个漫长而神奇的旅程。它展示了自然界惊人的创造力和适应性。理解这个过程不仅帮助我们了解生命的本质，也让我们意识到所有生命形式之间的深刻联系。作为这个复杂系统的一部分，我们有责任珍惜和保护地球上的生物多样性，因为每一种生命都是这个壮丽故事中不可或缺的一章。

03

生物的分类：大熊猫的"物种身份证"

你可曾想过，在浩瀚的生物世界中，每一种生物都有自己独特的"物种身份证"吗？没错，这就是科学家们通过生物分类给每个物种赋予的学名。

如果世界上的每个人都有一个独一无二的代号，那么不管你在哪里，别人一听到这个代号就能立即认出你。这就是学名对生物的意义！

学名是用拉丁字母书写的两个单词组合，第一个是属名，代表它所在的属；第二个是种加词，代表它是这个属里的一个种。这种命名方式不仅简洁明了，还蕴含了丰富的信息。

以我们深爱的国宝大熊猫为例，它的学名是Ailuropoda melanoleuca。Ailuropoda是属名，意为"猫足"；melanoleuca是种加词，意为"黑白的"。这个学名精准地描述了大熊猫的独特特征：与猫科动物相似的脚印形状和标志性的黑白相间毛色。多么巧妙的命名啊！

你可能会问，为什么要给动植物起这样看似复杂的拉丁学名呢？原因很简单：为了跨越语言的鸿沟，实现全球科学交流的统一。

世界上有那么多动植物，如果不用规范的方法给它们命名，大家就分不清谁是谁了！

想象一下，在不同的语言中，同一种动物可能有完全不同的名字。比如我们的国宝，在中文里叫大熊猫，英语中是Giant panda，法语中是Grand panda。如果没有一个统一的标准，科学家们在交流时岂不是一团糟？

但有了学名，不管你是哪个国家的科学家，一看到Ailuropoda melanoleuca，就立刻知道讨论的是大熊猫。这就像一个全球通用的"编号"，极大地方便了科学研究和交流。

学名只是冰山一角，更重要的是背后的生物分类体系。生物分类就像给自然界建立一个井井有条的档案库，帮助我们更好地理解和研究生物多样性。

瑞典科学家卡尔·林奈是现代生物分类体系的奠基人。他系统性地创建了拉丁语双名法命名体系，并制定了可量化的标准，为后来的研究奠定了基础。在林奈之后，科学家们进一步完善了分类体系，建立了从大到小的层级：域、界、门、纲、目、科、属、种。其中，种是最基本的分类单位，属于同一个种的个体不仅有近似的形态，还需满足生殖隔离原则，并具有高度一致的遗传特征。

通过比较不同生物体的形态结构、发育过程以及遗传关系，我们可以将它们分类到不同的界、门、纲、目、科、属等单元中去。

以大熊猫为例。首先，让我们从最宏观的角度开始。大熊猫属于真核生物域，其共同特征是它们的DNA被包裹在一个特殊的区域（细胞核）里。与之相对的是原核生物域，如细菌，它们的DNA就像散落在整个房间里的纸张，没有专门的储存空间。

接下来，大熊猫属于动物界。里面住着各种会移动、需要摄食其他生物的居民。与之相对的是植物界，那里的居民则安静地扎根原地，通过光合作用制造食物。

再往后，大熊猫属于脊索动物门。其共同特征是，它们的身体里有一根中央支柱脊椎。这根脊椎为它们提供了强大的支撑，使得它们能够进化出更复杂的身体结构和行为模式。

随后，大熊猫属于哺乳纲。其重要特征是，它们用自己的乳汁喂养后代。

大熊猫还属于食肉目。这里的成员通常都有锋利的牙齿和爪子，是天生的捕猎高手。然而，大熊猫是个例外——选择了一条与众不同的道路，成了一个主食竹子的"素食主义者"。

大熊猫属于熊科。熊科如同一个由各种熊组成的大家族，有棕熊、黑熊、北极熊等。它们都有圆圆的脑袋、小小的眼睛、厚厚的皮毛，而大熊猫凭借其独特的黑白相间的毛色显得与众不同。

最后，我们来到了分类的最后两个层级：属和种。大熊猫属于大熊猫属，而目前这个属里只有一个现存物种，那就是大熊猫。

下次，当看到一只大熊猫时，你不妨想象一下它的"物种身份证"。你会发现，这个看似简单的黑白形象背后，隐藏着一个复杂而精彩的生物学故事！

这个体系不仅帮助我们整理了浩如烟海的生物信息，还揭示了生物之间的亲缘关系。比如，我们如果知道大熊猫和小熊猫虽然名字相似，但分属不同的科，就能更好地理解它们的进化历史和生物学特征。

正确的分类和命名，就像给自然界建立了一个庞大的数据库。这个数据库不仅帮助科学家们更有效地进行研究，也是我们认识和保护生物多样性的基础。

想象一下，如果没有这个系统，我们如何能准确地统计地球上有多少种生物？如何判断哪些物种濒临灭绝而需要保护？如何研究不同生物之间的关系？生物分类学为所有这些重要工作提供了坚实的基础。

每一种生物的学名，都是它在自然界中独一无二的标识。生物分类体系，则像一张巨大的网络图，展示了生命的多样性和相互之间的联系。当了解了这些内容，我们再看周围的花草树木、飞禽走兽，是不是觉得它们更加亲切和有趣了呢？

让我们珍惜地球上的每一种生物吧！因为它们都是这个神奇生物网络中不可或缺的一员。也许有一天，你也会成为一名生物学家，为这个伟大的分类体系贡献自己的力量！

04

万物互联：生物如何建立联系

在这个瞬息万变的世界里，每一个生命都是一个独特的音符，自然界则是一曲宏大的交响乐。从微小的细菌到高大的树木，从蜿蜒的小溪到广袤的草原，看似独立的个体实际上都在演奏着同一首生命的乐章。

想象一下，在一个小小的花园里，发生着无数令人惊叹的互动。土壤中的细菌，这些肉眼难见的微生物，正默默地帮助植物吸收养分。它们分解有机物，释放植物所需的矿物质，就像植物的"私人营养师"。

植物则通过光合作用，将阳光、二氧化碳和水转化为养分，不仅滋养自己，还为其他生物提供食物和氧气。花朵绽放，不仅是为了美化世界，更是为了吸引蜜蜂等授粉者。蜜蜂采集花蜜，同时帮助花朵传播花粉，确保植物的繁衍。这是一场精心编排的"你帮我，我帮你"的合作舞蹈。

你可能会惊讶地发现，植物之间也有自己的交流方式。当一棵树遭受害虫攻击时，它会释放特殊的化学信号——一种我们闻不到但其他植物能感知的"求救香水"。周围的树木在收到这个信号后，会增强自身的防御机制，比如产生更多的苦涩物质来阻挡害虫。这就像植物界的"预警系统"，展示了大自然的智慧。

在动物世界中，"抱团取暖"不仅是一句俗语，更是生存的策略。羊群在草原上集体觅食，不仅能更好地发现食物，还能提高警惕性，防范捕食者。鸟群的集体迁徙，既能节省能量，又能降低迷路的风险。狼群的协作狩猎，展现了团队合作的力量。这些动物利用视觉、听觉、嗅觉等感官建立起复杂的社交网络，互相照应，共同生存。

在一个复杂的生态系统中，食物链就像各个生命的纽带。以草原生态系统为例：

草→羚羊→狮子

这个简单的食物链展示了能量如何在生物之间传递。草通过光合作用储存太阳能，羚羊吃草获取能量，狮子捕食羚羊又获得能量。每一个环节都是必不可少的，维持着生态系统的平衡。

然而，自然界远比单一的食物链复杂。食物网就像将多条食物链编织在一起的巨大网络。以湖泊生态系统为例：

浮游植物→小鱼→大鱼→鱼鹰

浮游植物→水蛭→大鱼

在这个食物网中，浮游植物是多条食物链的起点。小鱼和水蛭都以浮游植物为食，而它们又都可能成为大鱼的猎物。这种复杂的关系确保了生态系统的稳定性和多样性。在整个食物网中，当某一种生物数量骤减时，其他生物还有替代的食物来源，以此尽可能维持整个系统的平衡。

某个关键物种如果消失，可能会引发一系列连锁反应，就像多米诺骨牌一样，导致整个生态系统崩溃。例如，某种授粉昆虫灭绝，依赖它授粉的植物可能无法繁衍，进而影响依赖这些植物的动物，最终影响整个生态系统。

作为地球上最具智慧的生物，人类在这个生态网络中扮演着特殊而重要的角色。我们有能力改变环境，但同时也深深依赖于健康的生态系统。保护生物多样性，维护生态平衡，不仅是为了其他生物，更是为了我们自己和后代的福祉。

每一个小小的行动都可能产生蝴蝶效应。种一棵树，减少塑料使用，这些看似微不足道的举动，累积起来就能对整个生态系统产生积极影响。

在这个神奇的世界里，不存在孤立的个体，每一个生命都是独特而重要的。从微小的细菌到高大的树木，从简单的单细胞生物到复杂的哺乳动物，都在以自己的方式参与这场生命的盛宴。大家互相依存，互相影响，共同编织出一幅壮丽的生命画卷。这就是"万物互联"的奥妙之处。

当你漫步在大自然中，请停下脚步，仔细聆听。也许你能感受到树叶的私语、蜜蜂的嗡鸣或者泥土的呼吸。这就是生命的交响曲，而你，正是其中的一个音符。让我们珍惜每一个生命，保护这个美丽的家园，让生命的乐章永远悠扬！

05

人类可以自己建造一个生物圈吗

生物圈是指地球上所有生命及其生存环境的总和，是最大的生态系统。

在这个庞大而和谐的体系中，阳光、空气、水和土壤中的养分经过大自然的精心设计，为各种生命形式提供了适宜的生存条件。

这个精密的网络不仅维持着地球的生物多样性，还确保了生态系统的平衡。

然而，随着科技的不断进步，人类是否能够创建一个完全独立于自然的人工生物圈，成了一个引人深思的问题。

从理论上讲，建立一个人工生物圈是可能的。

科学家可以在特制的密闭环境中引入各种生物，模拟地球上的生态系统。例如，通过精心控制气候、营养和其他条件，科学家能够维持一个小型的生态平衡系统。

然而，要想实现这一目标，需要解决许多技术上的挑战，包括维持适宜的环境条件、提供足够的食物和水以及处理废物等。

那么，人类真能建造一个生物圈吗？这个问题紧扣了当前科学技术的发展，也和人类未来的生存命运紧密相关。

为了探索这一理论的可行性，美国科学家约翰·P.艾伦在亚利桑那州建造了"生物圈二号"，这是一个巨大的密闭玻璃温室，内部包含了小型的海洋、森林、沙漠等生态系统区域。

1991年，八名志愿者进入"生物圈二号"，开始为期两年的封闭生活实验，以测试这个系统是否能够自给自足并维持人类的生命。

在实验过程中，志愿者们面临了诸多困难和挑战，其中包括氧气不足、二氧化碳过多、水循环失调、粮食歉收、动植物死亡、微生物失衡、人员疾病以及心理压力等问题。例如，生物圈内的植物通过光合作用未能产生足够的氧气，导致氧气水平下降到危险的程度；此外，某些昆虫和植物的过度繁殖也破坏了生态系统的平衡。

这些挑战迫使他们不得不依赖外部补给。最终，这些问题导致实验在1993年6月26日提前结束[1]，志愿者们离开了"生物圈二号"。

实验结果表明，在技术支持下，人造生物圈虽然可以在短期内维持生命，但要长期稳定地提供必要的食物和维持生命所需的资源，仍然面临巨大挑战。

这些问题凸显了建造人工生物圈的复杂性和难度。模拟地球复杂生物圈中的所有互动关系和维系其中的动态平衡，远比想象中更

---

[1] 这里是指第一次实验结束时间。"生物圈二号"还进行了第二次实验，1994年3月6日开始，1994年9月结束。

困难。我们必须认识到，人工生物圈并不能完全替代自然界。尽管技术进步让我们看到了希望，但要完全模拟地球的复杂生物圈，还有很长的路要走。大自然经过亿万年的演化才形成了今天的平衡状态，而人类短时间内很难完全复制这一过程。

尽管如此，"生物圈二号"的实验为我们理解生态系统的运作，以及为未来太空生存系统的建立提供了宝贵的经验和数据。这些实验彰显了人类改造自然和创造生命环境的巨大潜力。例如，科学家们在实验中积累的经验，可以应用于未来的星际定居计划，助力人类在其他星球上建立自给自足的生态系统。

人工生物圈的研究，不仅为未来的太空探索提供技术支撑，更为关键的是，提醒我们保护现有的自然环境。地球，这颗独·无二的星球，其生物圈是经过漫长演化形成的复杂系统，其中每一个环节都不可或缺。任何一个环节遭到破坏，都将对整个系统产生深远的影响。

因此，人类与自然必须继续和谐共处。我们应更加重视环境保护，切实减少对自然资源的过度开采与破坏。只有这样，地球这个独一无二的生物圈才能持续繁荣、长久美好。科技的发展虽然让我们看到了创造人工生物圈的可能性，但也让我们更清醒地认识到保护现有自然环境的重要性。

总之，最重要的还是保护我们现有的地球生物圈。只有与自然和谐共处，人类才能真正实现可持续发展。科技的进步让我们看到了未来的希望，却也时刻提醒我们，必须珍惜和保护我们唯一的家园——地球。

06

生物多样性：每一个生命的存在都有意义

你是否曾经驻足欣赏过大自然的美丽，是否为眼前丰富多彩的生命世界感到惊叹？从高山到海洋，从森林到草原，地球上到处都是生机勃勃的景象。这就是我们身边的生物多样性，一幅由无数生命共同绘制的奇妙画卷。

大胆想象一下，在茂密的森林里，高大的乔木直插云霄，低矮的灌木错落有致，花朵争奇斗艳，野草随风摇曳；在浅山坡上，灵巧的松鼠在树木间跳跃，胆小的兔子在草丛里穿梭，老鹰在天空中翱翔……

大自然充满了各种各样的生命形式，每一种都独具特色。

生物多样性是指地球上生命的多样性，包括基因、物种和生态系统多个层次的丰富程度。基因的多样性让同一物种内的个体各不相同；物种的多样性造就了形态各异的动植物；生态系统的多样性则形成了森林、草原、湿地等不同类型的自然环境。

科学家们经过长期努力，已经发现并描述了上百万种生物，但这可能只是冰山一角！其中大部分还未被人类发现。想象一下，在深海、热带雨林或南极冰原，可能还有许多神奇的生物等待我们去探索呢！

地球上如此丰富的生命形式，是经过30多亿年演化而形成的。在这条生命的长河中，每一种生物都经历了无数代的适应和变迁，最终找到了自己的生存之道。有的生物适应了炎热的沙漠，有的则在寒冷的极地安家。每一种生命形式，都在生态系统中扮演着独特而重要的角色。

举个例子，蚯蚓看起来不起眼，但它们在土壤中穿梭，不仅松软了土壤，还能促进养分循环，对维持土壤健康至关重要。美丽的蝴蝶飞舞在花丛中，不经意间就完成了花粉传播的重任，帮助植物繁衍生息。森林中的真菌虽然不起眼，却能分解枯枝落叶，将养分归还大地。

因此，每一种生物，无论多么微小或普通，都在生态系统中扮演着重要的角色。就像人类一样，每个人都是独一无二的，都有其独特的价值。

生物多样性的重要性还体现在很多方面。生物多样性是地球最宝贵的财富之一。生物多样性为人类提供食物、药物、纤维等重要资源，许多现代医药源于自然界的生物。许多动植物在人类文化中具有重要意义，是艺术、宗教和传统的灵感来源。此外，生物多样性具备十分重要的科研价值，研究不同生物种类有助于人们更好地理解生命的奥秘和地球的历史。

然而，受人类活动的影响，如砍伐森林、污染环境、过度捕捞等，每年都有大量物种灭绝。这种生物多样性的急剧下降，正在严重威胁地球的生态平衡。

所以，我们要珍惜每一种生命形式的存在。即使是微小的细菌，也可能对地球的生态环境有重要作用。这是生命链条中的一环。每一种生物的消失，都可能意味着"生命链"的破裂。

保护生物多样性，就是要尊重每一种生命形式的存在价值。人类并不是生物的主宰，而是其中平等的一员，因此要怀着敬畏之心，谦卑地对待大自然中的每一种生命。

生物多样性是地球生命之网的基础，每一个物种都是这张网上不可或缺的一环。保护生物多样性不仅是为了维护生态平衡，更是为了人类自身的可持续发展。让我们携手行动，珍惜每一个生命的存在，共同守护这个多姿多彩的生命星球。只有维护好生物多样性，我们才能确保地球这个家园持续繁荣，从而为子孙后代留下一个生机盎然的美好世界。

亲爱的小朋友们，希望你们能够认识到生命的可贵，培养珍惜和尊重所有生命的意识。让我们一起行动起来，从身边小事做起，比如不随意踩踏花草、不乱扔垃圾、节约用水用电等，为保护地球上的生物多样性贡献自己的一份力量。记住，保护我们共同的家园，需要每个人的努力！

07

外来入侵物种："身在异乡为异客"的种群存亡记

在一个名为"生态平衡"的舞台上，有一群不速之客正在上演着一场"身在异乡为异客"的大戏——它们就是外来入侵物种。

什么是外来入侵物种？

外来入侵物种是指原产于某一地区，后来被有意或无意地引入另一个生态系统中，并在新环境中快速繁衍，从而对当地生态系统、经济或人类健康造成严重危害的生物。

外来物种的入侵途径多种多样，有意引入的物种是指为了观赏、食用或生物防治而引入的物种，无意引入的物种则是指随货物运输等被意外带入的物种。此外，还有随气候变化而扩大分布范围的物种。

以北美的红火蚁为例，我们来看看外来入侵物种是如何演变的。红火蚁原产于南美的巴西，在20世纪30年代通过货船无意中被带到了北美。初到北美时，红火蚁面临着适应新环境的挑战，它们需要与本地蚂蚁竞争资源和领地。

然而，红火蚁很快就展现出了惊人的适应能力。在新家园中，它们发现自己几乎没有天敌。这种生态优势使得红火蚁种群迅速膨胀，成为名副其实的入侵物种。它们不仅吞食其他昆虫和小动物，还会损害农作物，甚至对人类造成直接威胁。红火蚁的毒针能够引起剧烈疼痛，有些被蜇的人甚至会产生严重的过敏反应。

此外，著名的入侵物种案例还包括澳大利亚的欧洲野兔。19世纪，欧洲野兔被引入澳大利亚用于狩猎，由于繁殖能力强、天敌少，它们迅速扩散，严重破坏了当地生态系统和农业生产。

入侵物种之所以成为生态问题，主要是因为它们在新环境中缺乏自然天敌的制约。这就像一个没有规矩的孩子突然来到一个有序的班级，不仅不能约束自己，反而会破坏优良风气，从而打破原有的秩序。

具体来说，外来入侵物种可能会产生以下影响：与本地物种竞争食物和栖息地，导致本地物种数量减少甚至灭绝；改变生态系统的结构和功能，如改变土壤性质或水文条件；传播疾病，威胁本地物种和人类健康；造成经济损失，如破坏农作物或基础设施。

面对外来入侵物种的威胁，我们有多种应对策略：首先，加强边境检疫，严格控制外来物种的引入；其次，建立监测系统，一旦发现入侵物种，要立即采取行动；再次，在可能的情况下，将入侵物种与本地生态系统隔离；另外，还可以引入入侵物种的天敌来控制其数量，但这需要谨慎评估，以免造成新的物种入侵问题；最后，也可以通过使用农药等化学品来控制入侵物种，但要考虑对环境的影响。

值得注意的是，并非所有外来物种都会成为有害的入侵者。有些经过科学评估后引入的外来物种，可能会在新环境中找到自己的生态位，逐渐融入当地生态系统，甚至成为有益的参与者。例如，某些引入的授粉昆虫或生物防治物种就发挥了积极作用。

然而，这种情况相对罕见。大多数情况下，外来物种的引入都伴随着巨大风险。因此，在考虑引入外来物种时，我们需要进行全面的风险评估，权衡可能带来的经济社会效益与潜在的生态危害，而不能只顾眼前利益。

在全球化加速的今天，外来物种的传播速度大大提升，传播范围大大增加。国际贸易、旅游、气候变化等因素都促进了这一趋势。因此，应对外来入侵物种已成为一项全球性的挑战，需要国际社会的共同努力。

外来入侵物种的故事，是一部"身在异乡为异客"的生存传奇。它们的存在，既展示了生命的顽强和适应能力，也反映了人类活动对全球生态系统的深远影响。面对这一复杂的生态问题，我们需要以更加全面、审慎的态度，在保护生物多样性和维护生态平衡的同时，尊重每一个生命个体的存在价值。只有这样，我们才能在人与自然的关系中找到更好的平衡点，共创一个和谐共生的地球家园。

08

和谐之道：人类与自然共生

在这个日新月异的时代，人类与自然的关系日益紧张。我们不禁要问：人类和大自然中的动植物究竟应该如何友好相处？

首先，我们必须正确认识人类在大自然中的位置。尽管科技的发展让我们能够改造环境、开发自然，但我们绝不是这颗蓝色星球的主宰者。相反，人类只是生命链条中的一环，是生态系统中的一个组成部分。我们的生存和发展离不开其他物种和整个生态系统的支持。

随着科技的进步和人口的增长，人类活动对整个生态系统的影响日益深远。遗憾的是，这种影响往往是负面的。

森林砍伐：导致生物栖息地丧失，加剧气候变化。

过度捕捞：破坏海洋生态平衡，威胁许多海洋物种的生存。

工业污染：污染空气、水源和土壤，危害人类健康和生态环境。

城市化：占用大量土地，破坏自然生态系统。

气候变化：人类活动引起的全球变暖，威胁众多物种的生存。

这些人类活动严重打破了自然的平衡，不仅威胁其他物种的生存，最终也会危及人类社会的可持续发展。

难道人类与自然的关系只能被描述为对立吗？答案显然是否定的。要实现人与自然的和谐共处，我们需要改变思维方式，将自然视为伙伴而非对手。历史和现实中的许多例子告诉我们，人与自然和谐共处不仅可能，而且是必要的。

想象一下，你站在安第斯山脉的高处，俯瞰着15世纪印加人建造的马丘比丘遗址。这座"失落的城市"不仅是建筑奇迹，更是人与自然和谐共处的典范。印加人巧妙地利用地形，将建筑融入山势，既不破坏自然景观，又能充分利用阳光和水资源。他们的梯田农业系统不仅提高了粮食产量，还防止了水土流失。

马丘比丘这座城市告诉我们，发展不必以破坏环境为代价。我们可以借鉴古人的智慧，在城市规划和建筑设计中更多地考虑与自然环境的协调。

接下来，让我们把目光投向非洲。在非洲，许多国家正在实施社区保护区计划。这种模式让当地社区参与野生动物保护，并从中受益。例如，在纳米比亚，社区保护区不仅保护了濒危物种，还为当地人创造了就业机会。

社区保护区的成功表明，当地居民参与是实现人与自然和谐共处的关键。只有让保护工作与社区利益相结合，才能实现长期可持续的保护。

这些例子展示了人类与自然和谐共处的多种可能性。要实现人与自然的和谐共处，我们还需要在多个层面采取行动。例如，实施科学的人口政策；发展循环经济，提高资源利用效率，推广可再生能源，发展清洁能源技术；推广绿色生产方式，发展环保产业；制定和执行严格的环境保护法规；利用人工智能和大数据技术，优化资源分配和环境管理。

最关键的是，要从思想根源上增强每个人的环境保护意识。只有当人们理解人与自然是共生关系时，我们才能走上和谐发展之路。

例如，将环境教育纳入学校课程，从小培养环保意识；开展公众环保宣传活动，提高全社会的生态保护意识；鼓励公民参与环保行动，如垃圾分类、节能减排等。

对于孩子们，大家可以从小培养珍惜自然资源的意识，爱护花草树木，节约用水用电；学会关爱动物，尊重生命，温柔对待小动物，不打扰野生动物；倡导绿色出行，鼓励步行、骑自行车或使用公共交通工具；多多参与自然活动，参加植树、清洁海滩等环保活动，亲身体验保护自然的意义。

通过全人类的共同努力，尊重自然，保持生态平衡，我们一定能找到一条人与自然和谐共生的道路。这不仅关系到我们这一代，也关乎我们的后代能否在地球上幸福生活。每个人的行动都很重要，无论是减少日常生活中的浪费，还是参与更大规模的环保行动，我们都在为创造一个更美好的未来贡献力量。从长远来看，人类必须顺应自然规律，保持生态平衡，才能避免生存环境的全面退化。

让我们携手同心，共同守护我们唯一的家园——地球。只要我们减少破坏，多一些尊重与关爱，人类和动植物就能在这个美丽的蓝色星球上友好地相处，共同演绎生命的精彩。你觉得呢？我们每个人都有责任和能力为这个伟大的目标贡献自己的一份力量！

Part 2

解码生命基建：细胞世界大曝光

09

人类观察微观世界的"眼睛"：显微镜

眼睛被誉为心灵的窗户，是人类感知宏观世界最直接、最重要的感官工具，然而，还有一个同样神奇的微观世界等待我们去探索。那么，人类是如何突破视觉局限，窥探这个肉眼难以捕捉的微小领域呢？答案就是显微镜，这是为科学打开新视野的魔法之窗。

显微镜，顾名思义，是一种能够将微小物体放大以供观察的精密仪器。它就像一副神奇的魔法眼镜，赋予我们超凡的视力，让我们得以一窥原本隐藏在视线之外的微观世界。通过显微镜，我们可以观察到细菌、病毒、细胞结构，甚至更微小的分子和原子。

追溯显微镜的发展历程，光学显微镜诞生于17世纪，荷兰人安东尼·范·列文虎克和英国人罗伯特·胡克分别制造了早期的显微镜。出于好奇，列文虎克将一滴水放在自己制作的简单显微镜下。他惊讶地发现，水中竟然充满了活跃游动的微小生物！这个偶然的发现揭开了微生物学的序幕，也标志着人类首次窥见了微观世界的奥秘。

胡克在观察软木切片时发现了"细胞"，这一发现为后来的细胞学奠定了基础，彻底改变了我们对生命本质的理解。试想一下，如果没有显微镜，我们或许至今还不知道自己的身体是由数万亿个细胞构成的！18—19世纪是光学显微镜快速发展的时期，透镜制造技术不断进步，显微镜的放大倍数和清晰度大幅提升。

20世纪30年代，电子显微镜问世，显微技术迎来新的革命，其分辨率比光学显微镜提高了约千倍。透射电子显微镜让我们能够观察到病毒和细胞器的精细结构。扫描电子显微镜则提供了样品表面的立体图像。

光学显微镜利用可见光和透镜系统放大样品图像，主要组成部分包括目镜、物镜、光源和样品台，分辨率受限于光的波长。而电子显微镜使用高速电子束代替可见光，其中高分辨率的透射电子显微镜可达原子级别，普通扫描电子显微镜通常在纳米级别。

现代显微技术呈现出多样化的发展，如可以进行活细胞三维成像的共聚焦显微镜，能够在原子尺度上探测样品表面的原子力显微镜，以及突破了光学衍射极限、实现了纳米级分辨率的超分辨率显微镜。

荧光显微镜技术的发展让我们能够直接观察活体细胞内基因表达的产物，从而了解基因表达的情况。例如，科学家们可以用不同颜色的荧光蛋白标记不同的基因，然后在显微镜下观察它们的活动。这就像在细胞内部安装了一个彩色的监控系统，让我们能够实时观察基因的"工作"过程。

令人惊讶的是，显微镜技术也在天文学研究中发挥了重要作用。例如，中国科学家们使用电子显微镜、透射电子显微镜，结合能谱分析等多种技术对首份从月球背面带回来的月壤进行分析，揭示了月球的地质历史。想象一下，通过观察一粒微小的月球尘埃，我们竟然可以了解数十亿年前月球形成的过程！

可以说，显微技术大大扩展了人类的视野，开启了人类探索肉眼不可见的微观世界的大门。从病毒、细菌到细胞，探索微观物质世界的奥秘，使我们能够发现微观世界中隐藏的结构和规律。这对生物医学、材料科学等领域产生了革命性的影响。

在生物学和医学领域，显微镜揭示了细胞的精细结构和功能，帮助发现和研究病原体，推动了疫苗和药物的开发，促进了基因工程和干细胞研究的发展。在材料科学领域，显微镜参与研究纳米材料的结构和性质，分析材料的微观缺陷，提高材料性能，推动了半导体技术和新能源材料的发展。

显微镜作为科学的"眼睛"，让我们得以窥探微观世界的奥秘，揭示了自然界的真实面貌。它不仅拓展了人类的视野，更深刻地改变了我们理解世界的方式。随着技术的不断进步，显微镜将继续引领我们探索未知，从而解开更多自然之谜。在这个过程中，我们不仅会对微观世界有更深入的认识，也会对宏观世界和生命本质有更深刻的理解。

这个小小的仪器不仅是科学研究的重要工具，更是激发我们好奇心和想象力的源泉。它提醒我们，看似平凡的事物背后，可能隐藏着令人惊叹的奥秘。

让我们继续保持对未知世界的好奇和探索精神，谁知道下一个重大发现会不会就在显微镜下等着我们呢？

生命结构的基本单位：细胞

在浩瀚的生命海洋中，细胞就像生命的积木——通过精妙的组合，构筑出从微小的单细胞生物到复杂的多细胞生物等多种生命形态，因此细胞是生命的基本结构和功能单位。

细胞的发现可追溯到17世纪，当时英国人罗伯特·胡克在显微镜下观察软木切片时，首次描述了"细胞"这一概念。他在1665年发表的《显微图谱》中，将这些小房间般的结构称为"细胞"。虽然胡克观察到的只是死细胞的细胞壁，但这为细胞生物学的发展奠定了基础。

随着显微镜技术的进步，科学家们逐渐揭示了细胞的内部结构和功能。19世纪中期，德国科学家施莱登和施旺提出了细胞学说，指出所有植物和动物都是由细胞构成的，并且细胞是生命的基本单位。这一学说标志着细胞生物学的诞生，并为后续研究提供了理论基础。

大部分多细胞生物起源于一个单一的受精卵细胞[①]。这个细胞经过一系列的分裂和分化，最终形成了复杂的生物体。这一系列过程包括：通过有丝分裂增加细胞数量的细胞分裂，不同细胞逐渐获得特定功能的细胞分化，相似的细胞聚集、形成组织，不同组织协同工作、构成器官，多个器官协作、形成功能系统。

细胞虽小，但其生命活动异常复杂和精密。跟人类似，细胞也要进行新陈代谢。它会吸收营养物质和氧气，进行细胞呼吸，产生能量，合成需要的蛋白质和其他生物分子，然后排出代谢废物。细胞也不是一成不变的，它会生长和分裂。细胞可以通过有丝分裂产生新细胞，维持组织的更新和修复。面对环境变化，细胞也有自己的应对之策。它会努力调节内部环境，维持稳态，同时对外界刺激做出反应。

就像一个社会需要不同的专业人才，我们的身体也需要各种特化的细胞。人体内的细胞分为200多种不同类型，各司其职，协同工作，支撑着我们的生命活动。接下来，让我们深入了解一番。

神经细胞是大脑和神经系统的基本单位，负责信息传递和处理。肌肉细胞能够收缩，使身体产生运动。红细胞能够将氧气运输到身体各个部位，而白细胞是免疫系统的卫士，保护身体免受病原体侵害。上皮细胞可以形成皮肤和内脏表面，提供保护。骨细胞构成骨

[①] 还有一些多细胞生物是通过其他方式产生新个体的，例如，无性生殖动物里的水螅是进行出芽繁殖的。

骼，用来支撑身体结构……

不同的细胞会在遗传调控下分化出特定的结构，以适应特定的功能，它们根据细胞类型执行特定任务，如分泌激素、传导神经信号等。这种分工协作形成了复杂的多细胞生物。

细胞分化和组织形成也是生命复杂性的体现。多细胞生物由多种不同类型的细胞组成，这些细胞通过分化和组织形成，构建出不同的器官和系统，如心脏、大脑、肝脏等。这些器官和系统相互协作，共同实现生命体的生理功能。

了解细胞对于生命科学至关重要，因为这有助于了解疾病机理，开发新的治疗方法，也可以帮助探索生命起源和演化过程。

细胞的奇妙远远不止于此。从DNA的复制到蛋白质的合成，从能量的产生到物质的运输，每一个过程都是精密而复杂的。

随着科技的不断进步，细胞生物学的研究也在不断深入。近年来，科学家们在单细胞测序技术、干细胞治疗、人造细胞和合成生物学等领域取得了重大突破。

细胞是生命的基石，是理解生命奥秘的关键。通过深入研究细胞，我们不仅能解开生命的奥秘，还能为人类健康和环境保护做出重大贡献。每一个细胞都是一个微小而完整的生命系统，蕴含着无限的奥秘和可能性。

随着科学研究的不断深入，细胞生物学将继续在生命科学领域发挥重要作用，为人类探索生命的本质和改善健康带来更多的希望。

细胞这个微小而神奇的结构，必将在未来的科学研究中绽放出更加璀璨的光芒。

　　当照镜子时，你不妨想象一下，你看到的每一寸皮肤下，都有无数个这样精密运转的微观世界。了解细胞，不仅能让我们认识生命的基本单位，也能帮助我们理解许多生理现象和疾病机制。从某种意义上说，每个人都是这些微观世界构成的"宇宙"。

11

动物细胞与植物细胞

既然动物和植物千差万别，那么动物细胞和植物细胞是不是也大相径庭呢？

在微观世界中，动物细胞和植物细胞如同两个相似却不同的兄弟。它们共享生命的基本蓝图，但又各自发展出独有的特征，以适应各自的生存环境和生活方式。

首先，我们需要认识到动物细胞和植物细胞作为真核细胞，在基本结构上有许多相似之处。

两种类型的细胞都有细胞膜，将细胞与外界隔开，同时控制物质进出。两者都含有细胞核，其中包含遗传物质，控制细胞活动，也拥有提供细胞内部环境的细胞质。两种细胞都需要进行细胞呼吸，为细胞提供能量，因此均含有线粒体。当然，参与蛋白质的合成、修饰和运输的内质网、高尔基体、核糖体也一个都不能少。

不过，接下来两者将出现关键差异，也就是为了适应不同生活方式的结构特化。

植物细胞有坚硬的细胞壁，主要由纤维素组成。这是植物的独特防护，用来提供结构支撑，保护细胞，维持形态。动物细胞没有细胞壁，结构更加灵活。

这种差异带来的影响是，植物细胞更加刚性，而动物细胞更易变形，有利于运动。

由于细胞壁的存在，植物细胞通常呈规则的多边形，而动物细胞形状多变，可以是圆形、扁平状或不规则形状。显然植物细胞形状更稳定，而动物细胞形状更灵活，其运动能力更强，能够适应不同功能需求。

此外，植物细胞拥有自己的"食物工厂"。这是植物细胞最引人注目的特征，即它含有叶绿体，能进行光合作用，可以利用光能将二氧化碳和水转化为葡萄糖和氧气。动物细胞没有叶绿体，无法进行光合作用。这一显著差别带来的影响是植物能自主制造养分，而动物需要摄取已经制造好的有机物。

植物细胞拥有的"好物"还没介绍完，它甚至拥有自己的"储物间"——通常有一个大型中心液泡。这个中心大液泡可以储存水分、养分，代谢废物，调节细胞压力。比如，仙人掌细胞的大液泡可以储存大量水分，使它们能在干旱环境中生存。植物凭借这个"储物间"可以维持形态，储存养分，而动物由于没有大型中心液泡，其结构相对紧凑。

当然，我们不要小看这些差异。这些差异的背后拥有更深层次的含义。例如，这意味着二者对不同生活方式的适应。植物是固定生长，需要自给自足的能力。动物可以移动，需要更灵活的细胞结构。另外，能量获取的策略也截然不同。植物通过光合作用制造养分，动物需要摄取已经合成的有机物。再比如，二者的环境响应也是不同的方式。植物主要通过化学信号和缓慢的生长改变来适应环境，动物可以通过快速的行为反应来适应环境变化。

动物细胞和植物细胞的差异，不仅仅是结构上的不同，更反映了生命演化过程中的精妙适应。这些微观层面的差异，最终塑造了宏观世界中动物和植物截然不同的生存策略和生态角色。理解这些差异，有助于我们更深入地认识生命的多样性和适应性。

同时，这种比较也提醒我们，尽管存在差异，动物和植物仍然共享着生命的基本原理。它们都是地球生态系统中不可或缺的一部分，彼此依存，共同构成了丰富多彩的生物世界。在现实世界中，动物细胞和植物细胞并不是竞争对手，而是生态系统中和谐共存的重要组成部分。动物依赖植物提供氧气和食物，而植物则需要动物帮助传播种子和授粉。这种相互依存的关系，正是地球生命系统如此神奇和平衡的原因。

通过研究这些细胞层面的异同，我们不仅能更好地理解生命的奥秘，还能为解决环境、农业、医疗等领域的问题提供新的思路和方法。下次，当看到一片绿叶或者观察自己的皮肤时，你不妨想象一下那些正在默默工作的细胞，去感受生命的美妙与神奇！

12

探访细胞工厂：分工合作力量大

既然细胞是构建生命形式的基本单位，我们不妨深入探索细胞的内部世界，揭示生命运作的精妙之处。

想象每一个细胞都是一个精密运转的微型工厂，其中各个部分都有特定的职责。

细胞核是智能指挥中心。它存储DNA，控制细胞活动，如同工厂的总经理，制定战略，下达指令。

有趣的是，细胞核还有自己的保安系统——核膜。它就像一道带着精密关卡的城墙，严格控制信息和物质的进出，确保重要的遗传信息安全无虞。

作为能量发电站的线粒体，就像工厂的发电机，为各个部门提供运转所需的能量，因此线粒体的功能是进行细胞呼吸，产生ATP能量[①]。

[①]　ATP，即三磷酸腺苷，是一种为细胞活动提供能量的关键物质，细胞通过ATP的水解来获取其所含的能量。

内质网是出色的物流运输系统。它犹如工厂内的传送带和加工车间，负责运输和加工原材料。内质网分为粗面内质网和光面内质网，分别是蛋白质生产线和脂质合成车间。

还有作为包装配送中心的高尔基体，它像许多扁平的囊泡，负责修饰、分类和包装蛋白质，如同工厂的包装部门，为产品贴标签并安排发货。

散布在细胞质中和粗面内质网表面的是无数微小的核糖体。它们是细胞的"蛋白质工厂"，按照DNA的指令不断地组装氨基酸，生产出各种生物体必需的蛋白质。

如果细胞工厂内产生"工业废料"，该怎么办？别担心，这是作为回收处理中心的溶酶体大显身手的时刻。它可以分解细胞内的废物和外来物质，好似工厂的垃圾处理站，处理废料并回收有用材料。

细胞之所以能维持一定形态，离不开作为结构支撑系统的细胞骨架的贡献。它一边维持细胞形态，一边参与细胞运动和物质运输，可以类比工厂的框架结构和运输网络，支撑整体并协助物流。

最后，我们不能忽视细胞膜的功劳。它就像工厂的智能围墙，既是保安，又是接待员，控制物质进出，感知外界信号。

这些"部门"通力合作，确保细胞这个微型工厂高效运转，维持生命活动的持续进行。

以上是一个细胞的"工作布局"，如果将视野拓展到整个人体，我们可以将其比作一个庞大的跨国企业，各个器官系统如同不同的部门，协同工作以维持生命活动。

神经系统是中央指挥部，负责处理信息，控制身体活动，类似企业的总部，负责决策和信息传递。循环系统负责运输氧气、营养物质和废物，就像企业的物流系统，确保资源及时送达各个部门。消化系统是资源处理中心，其工作角色是消化食物、吸收营养，类似企业的原料加工厂，将原材料转化为可用资源。呼吸系统作为气体交换站，吸入氧气，呼出二氧化碳，好似企业的通风系统，确保新鲜"空气"供应。免疫系统用来抵御病原体，清除异常细胞，是企业的安保团队，保护整个系统免受威胁。内分泌系统的功能是分泌激素，调节身体功能，是企业的内部通信系统，通过"化学邮件"协调各部门工作。

以上只是部分系统的介绍，而这些"部门"也会产生一系列的协作。例如，消化系统和循环系统配合，将营养输送到全身。神经系统和内分泌系统共同调节各系统功能。免疫系统与其他系统合作，维护整体健康。

从单个细胞的精密运作，到整个人体系统的协同工作，生命展现出令人惊叹的组织能力和适应性。这种理解不仅增进了我们对自身的认知，也启发我们思考如何更好地照顾自己的身体。就像管理一家复杂的企业一样，我们需要关注每个"部门"的健康，确保它们能够和谐运作。

通过合理的饮食、适度的运动、充足的休息以及积极的心态，我们可以帮助这个奇妙的"生命企业"保持最佳状态。只有当所有的"细胞员工"和"器官部门"都健康工作时，我们才能拥有一个充满活力、运转良好的身体。

13

欢迎来到细胞剧场：上演一出细胞分裂的好戏

亲爱的小朋友们，你们有没有想过，为什么我们能从小宝宝长成大人？为什么受伤的皮肤能够愈合？这些神奇的现象背后，都有一个共同的秘密——细胞分裂！今天，让我们一起走进奇妙的细胞剧场，观看一场惊心动魄的细胞分裂大戏，揭开生命成长的神秘面纱！这是一出关于生命延续、遗传信息传递的精彩好戏。

想象我们正坐在一个微型剧场里，此时，细胞质中的"工厂"——线粒体正在加班加点地生产能量，为即将到来的"大戏"储备充足的"燃料"。这就像剧场的后勤人员需要确保所有设备都有电，以应对长时间的演出。

舞台上的主角是一个圆滚滚的细胞。它看起来平平无奇，却蕴含着生命的无限可能。首先，细胞核内的DNA开始了一场优雅的复制舞蹈。就像魔术师变出分身一样，DNA双螺旋慢慢解开，每条链都复制出了一个新的伙伴。很快，一套DNA变成了两套，将遗传信息精确地复制一份，为即将到来的分裂做好了准备。这就像剧场工作人员需要准备好所有道具和剧本，确保演出万无一失一样。

在分裂过程中，细胞还设有多个"检查点"，就像剧场的质量控制员。如果发现任何问题，它们就会立即叫停表演，直到问题解决。这确保了每一次分裂都尽可能完美。

随着轻柔的音乐响起，我们看到细胞核内的染色体开始凝聚。原本松散的DNA链条逐渐盘绕、压缩，形成了清晰可见的X形结构。这就像演员们穿上了鲜艳的戏服，准备登台亮相。每一对染色体都是一对"双胞胎"演员，它们即将在舞台上大显身手。

突然，细胞核的"幕布"——核膜开始消失。这标志着表演正式开始！同时，一种神奇的结构——纺锤体开始形成。纺锤体就像细胞的"提线木偶师"，由无数纤细的蛋白质丝线组成。它们将牵引染色体，指挥这场精彩的表演。

在纺锤体的指挥下，所有的染色体都整齐地排列在细胞的中央，形成一条美丽的"赤道线"。这一幕就像一场精心编排的芭蕾舞，每一个舞者（染色体）都精确地找到了自己的位置，准备展开精彩的舞蹈。

随着一道无声的号令，染色体开始分离。每对"双胞胎"染色体被纺锤体的"线"拉向细胞的两极。这一幕充满了戏剧性和张力，就像双方在拔河，每一根染色体都在努力向自己的目的地进发。

当染色体完成分离后，细胞质开始分裂。我们的细胞主角开始了它神奇的变化之旅。注意看！此时，整个细胞开始变形，从圆形慢慢变成了椭圆形。细胞中央出现了一条看不见的分界线，就像一条神奇的腰带，把细胞紧紧勒住。

分裂大戏马上进入高潮阶段。随着"腰带"越勒越紧，细胞中间出现了一道越来越深的沟壑。观众屏住呼吸，期待着最后的时刻。突然，咔嚓一声，原本一个细胞神奇地分成了两个！这一幕令人不禁想起魔术师将一个箱子劈成两半，却发现每半个箱子里都有一个完整的人！

随着细胞质分裂的完成，舞台上出现了两个崭新的细胞。它们各自拥有完整的遗传信息和细胞器，就像经过完美复制的双胞胎。这一刻，生命的奇迹再次上演，观众无不为之赞叹。

随后，两个新生的小细胞开始各自的生活。它们会不断长大，再次经历分裂。这样的过程周而复始，生生不息。正是通过这样无数次的细胞分裂，我们的身体才能不断生长，伤口才能愈合，器官才能更新。

回溯这场好戏，我们刚才看到的精彩表演就是有丝分裂，主要发生在多细胞生物体内。另外还有一种更简单的分裂方式，叫作无丝分裂，常见于单细胞生物。

在生殖细胞的形成过程中，还有一种特殊的分裂方式——减数分裂。这就像细胞剧场的特别节目。通过两次分裂，减数分裂产生遗传物质减半的配子。这为生命的多样性提供了可能。

细胞分裂是一个精密的过程，受到严格的调控。而这一精密调控至关重要，如果控制出错，可能导致细胞过度增殖，进而形成肿瘤。

虽然细胞分裂的大戏落下帷幕，但生命的循环永不停歇。小朋友们，我们今天在细胞剧场看到的这场精彩表演，其实每时每刻都在我们体内上演。从皮肤细胞的更新到免疫细胞的产生，细胞分裂维系着我们生命的延续。

下次，当看到自己长高了或者发现小伤口愈合了，你别忘了感谢那些默默工作的小细胞！它们就像无数的小魔术师，不断上演着生命的奇迹。

细胞分裂这场大戏，展现了生命的奇迹和大自然的智慧。它不仅是生物学知识的缩影，更是对生命本质的深刻诠释。

让我们以热烈的掌声，向这些在我们体内默默演出的细胞演员致敬。它们的表演，维系着我们的生命，传承着生命的讯息，演绎着生命的奇迹。

14

细胞界的"脱缰之马"：癌细胞

在我们体内，数以万亿计的细胞如同一支训练有素的军队，遵守着严格的纪律，按部就班地工作、分裂和死亡。但是，在这个井然有序的细胞世界中，有一群"叛逆者"不守规矩，它们就是癌细胞——细胞界的"脱缰之马"。让我们一起揭开癌细胞的神秘面纱，了解它们为何如此"狂野"，以及我们该如何应对这个潜在的健康威胁。

首先，我们来看一看正常细胞有秩序的生活状态是什么样子的。它们会遵循严格的生长周期，按固定次数分裂后进入衰老期，同时响应身体的需求和调控信号，在不再被需要时进行程序性死亡。

那么，癌细胞的"脱缰"行为又有哪些表现呢？这些家伙会无限制分裂，不遵循正常的生长周期，同时忽视身体的调控信号，自主增殖，更是会逃避程序性死亡，仿佛"长生不老"一般，还会侵占周围正常细胞的生存空间，更有可能脱离原发部位，形成转移瘤。

癌细胞之所以如此狂野，成为"害群之马"，是因为它们拥有五大"超能力"。第一，癌细胞拥有持续增殖信号，能自给自足，不需要外部生长信号。第二，癌细胞能逃避生长抑制，无视抑制性信号，持续分裂。第三，癌细胞可以抵抗细胞死亡，逃避程序性死亡，实现"不死之身"。第四，癌细胞具有无限复制潜能，突破细胞分裂次数限制，永远"年轻"。第五，癌细胞具备侵袭和转移能力，能够脱离原发部位，在他处"安家落户"。

那么，一个正常的细胞是如何走上变成癌细胞的堕落之路的呢？

随着研究的深入，科学家们渐渐发现了背后的原因，通常是由其基因突变引起的，可能与DNA复制错误、环境因素（如紫外线、放射线）导致的损伤等因素相关。

致癌因素包括：一是化学致癌物，如烟草、某些工业化学品等；二是物理致癌因素，如电离辐射、紫外线等；三是生物致癌因素，如人乳头状瘤病毒（HPV）等。

另外，不健康的饮食习惯、缺乏运动等不良生活方式以及长期压力等精神因素也是一大诱因。

癌症的发展（从单个细胞到威胁生命）通常经历以下过程：在癌变初期，单个细胞发生突变，随着克隆扩增，突变细胞快速增殖，当癌细胞群形成可见的肿块，肿瘤逐渐形成，随后侵袭周围组织，并破坏正常组织结构，通过血液或淋巴系统扩散到其他器官。

与癌症抗争一直是医学的挑战，但也迎来不少突破。传统治疗方法包括：通过手术物理切除肿瘤，利用辐射杀死癌细胞（放疗），使用药物杀死快速分裂的细胞（化疗）。而新兴治疗方法包括：一是靶向治疗，可以针对癌细胞特定分子通路；二是免疫治疗，可以激活自身免疫系统对抗癌症；还有基因治疗，可以修复或替换有缺陷的基因。

虽然疗法众多，但是很多癌症如果发现得晚，就难以治愈。这需要我们从多方面入手，既减少潜在的致癌风险，也重视早期筛查和发现。

我们要定期检查身体，及早找出异常的"脱缰之马"细胞，及时加以控制治疗，这样我们的身体才能健康成长。

特别提醒：预防胜于治疗，我们要把降低癌症风险的健康之道贯彻于日常生活中。

首先是健康饮食，例如增加蔬菜、水果的摄入，减少加工食品和红肉的进食；其次是规律运动，每周保持中等强度运动，维持健康的体重；最后是心理健康，学会压力管理，保持积极乐观的生活态度。

癌细胞，这些细胞世界的"叛逆者"，虽然强大且顽固，但并非不可战胜。通过深入了解癌细胞的特性和行为，科学家们正在不断开发新的治疗方法。同时，每个人都可以通过健康的生活方式降低患癌风险。

记住，我们的身体是一个精密而复杂的系统，每个细胞都在其中扮演着重要角色。珍惜生命，关爱自己，远离不良习惯和环境的影响，从源头减少癌症的发生。定期体检，保持警惕，让我们共同努力，驯服这些 "脱缰之马"，维护我们身体的健康和平衡。

生命是宝贵的，健康更是无价的。让我们携手同心，用科学的态度和健康的生活方式，共同构筑对抗癌症的坚强防线！

15

干细胞是"魔法师"：它能变出任何细胞吗

你们听说过神奇的"魔法师"干细胞吗？在生命科学的世界里，干细胞就像一位拥有惊人魔力的魔法师，它们的能力让科学家们惊叹不已！让我们一起来揭开干细胞的神秘面纱，探索它们的奇妙世界吧。

什么是干细胞？

干细胞是一类非常特殊的细胞，就像未经雕琢的璞玉，蕴含着无限的潜力。这些细胞最神奇的地方在于它们的多向分化潜能。这意味着，它们可以根据身体的需要，变成不同种类的细胞。想象一下，如果细胞是积木，那么干细胞就是那种还没有固定形状的积木，可以根据需要变成不同的形状。

并非所有的干细胞都拥有相同的能力，就像魔法世界里有不同等级的魔法师一样，干细胞也有不同的"法力等级"。

全能干细胞是最厉害的"大法师"。这种细胞存在于受精卵的早期阶段，理论上可以发育成任何类型的细胞，甚至是整个胚胎。

多能干细胞是强大的"高级法师"，如胚胎干细胞，可以变成身体中的大多数类型的细胞，但不能形成完整的胚胎。

成体干细胞是专业的"法师"，存在于我们成年后的身体中，其能力相对有限，通常只能变成特定类型的细胞。例如，造血干细胞可以产生各种血细胞，但不能变成神经细胞。

干细胞的另一个重要特性是自我更新能力。这意味着，它们可以不断地分裂产生新的干细胞，保持自己的数量。这就像魔法师不仅可以变出各种东西，还能变出新的魔法师一样！

虽然干细胞很神奇，但它们并不是无所不能的。每种干细胞都有自己的"专长"，只能在特定范围内变化。这就像一个魔法师可能擅长变出兔子，但不会变出大象。例如，皮肤干细胞只能产生皮肤细胞，不能变成心脏细胞。

此外，一旦细胞成熟并特化为某种类型，通常就很难再变回干细胞状态。这个过程就像一位魔法师学会了特定的魔法后，就很难再回到学徒状态。

尽管有这些限制，干细胞在医学研究和治疗中仍然扮演着极其重要的角色。干细胞可以帮助修复受损的组织和器官，为许多疾病提供新的治疗方法。科学家们可以通过研究干细胞来了解疾病的发展过程，寻找新的治疗方法。干细胞可以用来测试新药的安全性和有效性，减少动物实验的需求。未来可能利用患者自身的干细胞进行治疗，减少排斥反应。

想象一下，一位勇士（白血病患者）的血液工厂（骨髓）出了故障。医生们找来了一群"魔法师"（造血干细胞），将它们送入勇士体内。这些"魔法师"开始施法，重建了整个血液工厂，拯救了勇士的生命。

虽然干细胞研究充满希望，但科学家们还面临着许多挑战：如何精确控制干细胞的分化方向？如何防止干细胞在体内异常生长，形成肿瘤？如何大规模培养和保存干细胞？如何解决伦理问题，特别是涉及胚胎干细胞的研究？

尽管存在这些挑战，干细胞研究仍然是当前生命科学最热门的领域之一。科学家们正在不断探索干细胞的新可能性，例如，诱导多能干细胞（iPS细胞）。这项技术允许科学家们将普通成体细胞"魔法般"地转化为类似胚胎干细胞的多能干细胞。想象一下，可以将一个普通人变成超级英雄，这是多么令人兴奋的突破！科学家们正在努力攻克这些难题，希望能够充分发挥干细胞的潜力，为人类健康做出更大贡献。

干细胞确实是生物学界的"魔法师"，它们的能力令人惊叹。虽然它们不能变出任何细胞，但其潜力巨大。正如强大的工具一样，干细胞研究需要我们小心谨慎。在推动医学进步的同时，我们也要考虑到伦理和安全问题。

随着科学的不断进步，我们离揭开干细胞所有秘密的那一天越来越近。也许在不久的将来，我们就能看到干细胞"魔法"彻底改变医学领域,为人类健康带来革命性的突破。

但请记住,即使是最强大的魔法也需要智慧来驾驭。我们对干细胞的研究和应用,应当始终以造福人类、尊重生命为根本准则。

16

世界上的另一个我：克隆羊多莉和普通小羊一样吗

如果有一天你醒来，发现世界上突然出现了另一个和你一模一样的人，那会是什么感觉？这听起来像科幻小说中的情节，但在动物世界中，这样的"奇迹"已经发生了。

在一个平静的苏格兰农场，两只羊羔正在草地上欢快地跳跃。它们看起来一模一样：雪白的绒毛，温顺的眼神，甚至连蹦蹦跳跳的姿势都惊人地相似。但是，这两只小羊之间有一个惊人的秘密：其中一只是世界上第一只成功克隆的哺乳动物——多莉羊。

我们一起来认识克隆羊多莉，探索克隆生物的奇妙世界！

多莉是谁？它可不是普通的小绵羊，而是一位真正的"科学明星"！

多莉的诞生时间是1996年7月5日，诞生地点在苏格兰罗斯林研究所。多莉的特殊之处在于，它是世界上第一只通过成年动物体细胞克隆出来的哺乳动物。

克隆听起来很神奇，但它其实是科学家们经过长期研究的结果。简单来说，克隆就像给生物做了一个完整的"复制和粘贴"。

科学家们用了一种叫作"体细胞核移植"的技术。

首先，他们取出成年母羊的一个普通细胞——不是生殖细胞，提取细胞核，这里包含了动物的全部遗传信息。

然后，他们将这个细胞核植入一个已经去除核的卵细胞中，刺激这个"新细胞"开始分裂、形成胚胎，将胚胎植入代孕母羊的子宫中，等待它发育成一只小羊。

从外表上看，多莉和其他小羊没什么不同，拥有毛茸茸的白色羊毛、黑色的脸和蹄子，喜欢吃草，喜欢和其他羊玩耍。

但是，多莉也有些特别之处。从基因上看，多莉的基因完全来自那只成年母羊的体细胞，就像它的"双胞胎姐姐"，而普通小羊的基因是父母双方基因的混合。

从个性上看，多莉有自己独特的性格和习惯，就像人类的双胞胎，虽然基因相同，但性格可能大不相同。

令人欣慰的是，多莉能够正常繁衍后代。它总共生育了六只羔羊，证明克隆动物也能正常繁衍后代。

多莉在一生中面临着一些健康问题。它比普通绵羊更早出现了关节炎，最终因为肺部疾病被安乐死。

它活到了6岁半，于2003年2月14日去世，普通绵羊的寿命通常是11—12岁。

现在，多莉被保存在苏格兰的一个博物馆里，继续启发着人们对科学的好奇心。

虽然多莉过着普通小羊的生活，但它的存在意义非凡。它证明了成年细胞仍然保留了创造新生命的潜力。它为治疗人类疾病和保护濒危物种提供了新的可能性。它的诞生引发了关于克隆技术伦理问题的广泛讨论。

尽管多莉的诞生是一个巨大的突破，但克隆技术仍面临许多挑战，例如，克隆动物可能面临更多健康问题，克隆技术的应用范围和限制仍在讨论中。

总的来说，多莉既是一只普通的绵羊，也是一个不平凡的科学奇迹。它和普通小羊有很多相似之处：都会咩咩叫，都喜欢吃草，都能生儿育女。但多莉也带着克隆技术的独特印记：稍快的衰老过程，潜在的健康风险，以及作为科学史上一个重要里程碑的地位。

多莉的故事告诉我们，科学可以创造奇迹，但同时也提醒我们要尊重生命的独特性。即使是基因完全相同的个体，也会发展出自己独特的个性和生活方式。每个生命，无论是克隆的还是自然诞生的，都是独一无二的个体，都值得我们珍惜和尊重。

小朋友们，也许有一天，你们中的某个人会成为像创造多莉的科学家那样伟大的人物，为世界带来新的奇迹。让我们记住多莉的故事，保持对科学的热爱和好奇，同时也要学会思考科技发展带来的影响。未来的世界，需要你们的智慧来塑造！也许在不久的将来，克隆技术会为解决一些全球性问题提供新的思路。

Part 3

最熟悉的陌生人：请重新认识自己

17

维生素大爆炸：我们为什么需要微量营养素

亲爱的小朋友们，你们是否经常听到爸爸妈妈提醒你们要多吃肉、蛋、奶？那么，你们听说过维生素这个神奇的小伙伴吗？今天，让我们一起探索维生素的奇妙世界，了解为什么这些微小的营养素对我们的身体如此重要！

维生素是什么？它们是一群特殊的化学小分子，虽然体积很小，但作用大得惊人。

为什么叫"维生素"？因为它们是维持生命所必需的物质。

想象一下，你的身体是一台复杂的机器，而维生素就是让这台机器顺畅运转的神奇润滑油。虽然我们每天只需要极少量的维生素，但它们的作用不可小觑。维生素就像给我们身体充电的小能量块，让我们保持健康和活力。

有趣的是，我们的身体虽然能完成许多复杂的任务，但无法自己制造大部分维生素。这就像一台高科技电脑，虽然功能强大，但需要定期更新特定的软件才能正常运行。因此，我们必须通过日常饮食来获取这些重要的营养素。

虽然维生素不像碳水化合物、蛋白质和脂肪那样直接为身体提供能量，但它们在幕后默默地完成着许多重要任务。

就像超级英雄联盟一样，维生素家族也有许多成员，每个成员都有自己的特殊能力。

维生素A是夜视超人，保护我们的眼睛，帮助我们在黑暗中看得更清楚，还支持免疫系统，让我们不容易生病。

B族维生素是能量解锁专家，帮助我们的身体将食物转化为能量，维持神经系统的健康，让我们思维敏捷。

维生素C是免疫卫士，增强我们的免疫系统，抵抗感冒和其他疾病，还帮助伤口愈合，让我们的皮肤保持健康。

维生素D是骨骼守护者，帮助我们的身体吸收钙质，让骨骼更加强壮，还能让我们拥有好心情。

维生素E是细胞保镖，保护我们的细胞免受损伤，同时支持免疫系统，让我们更健康。

维生素在我们体内扮演着多种重要角色。维生素是酶的助手，帮助激活体内的酶，让各种生化反应顺利进行；它也是蛋白质的好朋友，辅助蛋白质的合成，帮助我们长高变壮；它还是神经系统的快递员，某些维生素参与神经信号的传导，让我们反应更快。

虽然维生素很重要，但并不是越多越好。人体对维生素的需求有一个合理的范围。在这个范围内，维生素可以发挥其最佳作用。

维生素摄入不足可能导致各种健康问题，如夜盲、贫血等。维生素过量摄入可能引起中毒症状，对身体造成伤害。

想要获得全面的维生素，秘诀就是"吃彩虹"！例如，红色食物（如西红柿、草莓）富含维生素C；橙黄色食物（如胡萝卜、橙子）富含维生素A和维生素C；绿色食物（如菠菜、西兰花）富含维生素K；紫色食物（如茄子、蓝莓）富含抗氧化物质；白色食物（如香蕉、蘑菇）富含钾和维生素D。

记住，单一的维生素补充剂并不能替代均衡的饮食。最好的方法是通过多样化的饮食来获取各种维生素。

现在，你们知道为什么维生素对我们如此重要了吧。它们就像我们身体里的小英雄，虽然体积小小，但功能强大。通过吃各种颜色的食物，我们可以让这些小英雄充满能量，从而帮助我们健康快乐地成长！

下次，当爸爸妈妈让你多吃蔬菜水果时，别忘了，你其实是在召唤维生素超级英雄来保护你呢！让我们一起感谢这些神奇的微量营养素，感谢它们为我们的健康默默付出。健康饮食，快乐成长，维生素大冒险永不停歇！

18

荷尔蒙之舞：各种激素如何互相协调维持身体平衡

想象一下，你正在欣赏一场精彩绝伦的芭蕾舞表演。舞台上，每个舞者都有自己独特的角色，他们之间默契十足，动作协调一致，共同呈现出一幅令人叹为观止的画面。这场美不胜收的表演，恰恰就是我们体内激素运作的绝佳比喻。

在我们的身体里，有一群看不见的"小精灵"——激素。激素是体内的化学信使，由特定的腺体或细胞分泌，通过血液运输到目标器官，从而调节各种生理功能。它们就像那些技艺精湛的舞者，在体内进行着一场复杂而精妙的"荷尔蒙之舞"。这些激素相互沟通、协调配合，维持着我们身体的正常生理功能。

然而，这场"舞蹈"远比我们想象的要复杂。人体内存在着一个庞大而精密的激素调节网络，就像一个巨大的舞台，每个角落都在同时进行着不同的表演。

我们来看看其中几位"主角"：

胰岛素是血糖平衡的守护者。胰岛素由胰腺分泌，它就像一个细心的管家。当血糖升高时，它会提示肝脏和肌肉细胞吸收多余的葡萄糖，将血糖维持在适当水平；当血糖降低时，胰岛素的分泌也会相应减少，实现精确调控。

生长激素是身体发育的推动者。生长激素帮助我们长高、增强肌肉，就像体内的"成长魔法师"，它在儿童和青少年时期尤为活跃，推动着身体的快速发育。

甲状腺激素是新陈代谢的调节器。甲状腺激素就像身体的"节奏大师"，它调控着我们的新陈代谢速率，影响着能量消耗、体温调节等多个方面。

性激素是性特征的塑造者。性激素如雌激素、睾酮等，就像体内的"造型师"，它负责塑造男性和女性的第二性征，并在生殖系统中发挥重要作用。

……

这些激素之间的关系错综复杂，有的相互制约，有的相互协同，就像舞台上不同舞者之间的互动，共同呈现默契与平衡的艺术。

例如，胰岛素和胰高血糖素形成一对"拍档"，共同调节血糖水平。当血糖升高时，胰岛素出场；当血糖降低时，胰高血糖素登场。这两位舞者的完美配合，使我们的血糖水平总是保持在一个稳定的范围内。然而，胰岛素如果"罢工"或者无法正常工作，就会导致糖尿病这种代谢紊乱的"舞台事故"。

激素分泌并非一成不变，而是随着年龄和生理阶段而变化，就像一场长篇舞剧，每个阶段都有不同的主题和节奏。例如，性激素在青春期开始大量分泌，推动第二性征的发育；而在更年期，它们的分泌量会大幅下降，从而引发一系列身体和心理变化。

某种激素如果分泌过多或过少，就会打乱这场精妙的舞蹈，可能导致各种健康问题。比如，胰岛素分泌不足可能引发糖尿病，甲状腺激素分泌异常可能导致代谢紊乱。因此，保持激素平衡对我们的健康至关重要。

在这场复杂的激素之舞中，大脑下垂体扮演着"总导演"的角色。它根据身体的需求和外界环境的变化，精确调控各种激素的合成和分泌。这就是为什么保持良好的心理状态、减少压力对维持激素平衡如此重要。

为了科学解读"激素之舞"，内分泌学诞生了。内分泌学就像这场奇妙舞蹈的"编舞手册"。通过深入研究每种激素的作用机制和相互关系，科学家们不断完善对这场"荷尔蒙之舞"的理解。这些知识为诊断和治疗各种内分泌疾病提供了重要依据。

我们的身体是一个奇妙的舞台，激素在这里上演着一场精彩绝伦的舞蹈。通过了解这场"荷尔蒙之舞"，我们不仅能更好地理解自己的身体，还能采取更明智的方式来维护健康。让我们珍惜这场生命的舞蹈，保持健康的生活方式，让体内的激素舞者永远保持最佳状态，共同谱写人生的精彩乐章！

19

血液的生命之旅：它如何将养分送遍全身呢

你是否曾经想象过，你的体内正在进行着一场持续不断的惊险旅行？就像我们梦想成为背包客，游历祖国的大好河山一样，我们的血液每时每刻都在进行着一场不可思议的冒险。让我们一起揭开血液旅行的神秘面纱，探索血液如何将生命所需的养分和氧气送遍全身！

假设你的身体是一个繁忙的大都市，那么血液就是这个城市高效运转的物流系统。这个系统由血浆，以及红细胞、白细胞和血小板等血细胞组成。

红细胞是氧气搬运工，呈双凹圆盘状，其独特的结构有利于血红蛋白结合更多氧气，它们装载着珍贵的氧气分子，奔波于全身各处。

白细胞是忠诚的卫士，它们形态各异，有的像"变形金刚"，可以灵活改变形状，从而轻松穿过毛细血管壁，随时准备与入侵者（如细菌、病毒）作战，精准识别并清除体内异常或受损的细胞。

血小板是止血卫士，在血管受损时迅速聚集，能快速堵住破损的血管，防止失血，在伤口愈合过程中扮演重要角色。

事实上，血液的旅程从你享用的一顿美餐开始。当你细细咀嚼食物时，消化过程就已经开始了。食物经过胃和小肠，被分解成更小的分子——碳水化合物变成葡萄糖，蛋白质变成氨基酸，脂肪变成脂肪酸和甘油。

这些分子小到可以穿过小肠壁并进入毛细血管。现在，它们正式进入了血液的运输网络。

如果把血液的旅行路线看作一个精心设计的主题公园，那么心脏是出发站，血液从心脏的左心室被强有力地泵出，携带着满满的氧气和营养，准备开始新的旅程。离开心脏后，血液进入动脉系统。动脉粗大而有弹性，能够承受高压血流，血液在这里疾驰。

随后，血液经历一场全身大冒险。通过主动脉和其分支，血液到达身体各个器官，在毛细血管网中，与组织细胞进行物质交换，提供氧气和营养，同时收集代谢废物。紧接着又是一场回收站之旅。完成物质交换后，血液通过静脉系统回流，携带着二氧化碳和其他代谢废物，经过肝脏和肾脏进行净化。有趣的是，静脉中有一些特殊的"单向阀门"（静脉瓣），防止血液倒流。心脏既是出发站，也是休息站，血液最终回到心脏的右心房，完成体循环。

随后回流到右心房的血液，经右房室口进入右心室。右心室收缩时，将血液泵入肺动脉。在这里，血液释放二氧化碳，吸收氧气，完成气体交换，为下一轮全身之旅做好准备。经过肺部的气体交换，富含氧气的血液通过肺静脉回到心脏的左心房，继而进入左心室，开启新一轮的循环。

这个过程每天都在不知疲倦地重复着，输送着生命所需的养分。

血液在循环的过程中，完成了许多重要的任务：运输氧气，让我们能够呼吸，保持活力；输送营养，将食物中的养分送到每个细胞；执行清理废物的功能，带走细胞产生的废物，保持身体的清洁；参与调节体温，帮助我们在不同环境中保持适宜的体温；同时传递信息，运送激素等化学信使，协调身体各部分的工作。

要让血液保持最佳状态，并进行愉快的旅行，我们可以均衡饮食，摄入富含铁质的食物，帮助生成红细胞，补充维生素，特别是维生素B12和叶酸。我们可以进行规律运动，增强心肺功能，促进血液循环。我们可以保证充足睡眠，让身体有时间修复和再生血细胞，帮助调节激素水平。我们还要定期体检，及时发现潜在的血液问题，监测血压、血糖等重要指标。

当用手指轻轻按压手腕内侧，你能感受到有规律的跳动吗？这就是你的脉搏！它告诉我们血液正在不停地流动，维持着生命的节奏。

每一滴血液都在默默地为我们的生命而奔波。它们日夜不停地工作，将氧气和营养送达身体的每一个角落，同时清理代谢废物，守护着我们的健康。

　　下次，当感受到自己的心跳时，你不妨想象一下体内正在进行的这场惊险刺激的血液之旅，别忘了感谢这些勤劳的"快递员"——我们的血液。请珍惜它的每一次旅程。通过健康的生活方式，我们可以帮助血液更好地完成它的使命。让我们一起珍惜生命，关爱我们的身体，让血液的奇妙冒险永远持续下去！

20

青菜下咽后的奇妙之旅：它经历了哪些过程呢

假如你正在享用一盘新鲜的蔬菜沙拉，当你咀嚼并吞咽下那片爽脆的生菜叶时，你可能并未意识到，这片看似普通的青菜即将开始一段惊险刺激的冒险之旅。它在你的体内会经历怎样神奇的旅程？让我们一起踏上这段精彩纷呈的消化之旅，探索食物在人体内的奇妙变化！

想象一片新鲜的绿叶菜刚刚进入你的口腔。首先，它会遇到你的门牙。这些锋利的小伙伴就像一群勤劳的小矮人，开始热火朝天地工作！它们会将菜叶撕碎成小块，开始食物消化的第一步。

与此同时，你的唾液腺开始分泌出神奇的"魔法水"——唾液。这种神奇的液体不仅能润湿食物，还含有淀粉酶，开始对食物中的碳水化合物①进行初步消化。你的舌头也不甘寂寞，它不停地翻动，确保食物与唾液充分混合，形成一团易于吞咽的食糜。味蕾感受到

---

① 淀粉是植物性食物中常见的碳水化合物储存形式，唾液淀粉酶将淀粉分解为麦芽糖。

青菜的鲜美，这种感觉会刺激胃部分泌消化液，为接下来的消化做好准备。

当你的舌头将食糜推向喉咙后部时，吞咽反射就会自动触发，同时气管自动关闭，防止食物误入呼吸道，食糜开始了它在食道中的旅程。食道就像一条生理学上的"滑梯"，食道的肌肉开始有规律地收缩，通过蠕动将食物推向胃部。这个过程通常只需要几秒钟，即使你倒立着吃东西，食物也能顺利到达胃部！

在食物进入胃部后，真正的"大改造"开始了。胃就像一个强力搅拌机，不仅会分泌强酸性的胃液，还会不断蠕动。胃壁的肌肉不停收缩，将食物和胃液充分混合，将食物进一步搅碎。胃酸的pH值低至1—2，可以杀死大部分细菌，同时也能开始分解蛋白质。

在胃中，青菜会被胃酸和消化酶进一步分解。这个阶段可能持续1—4小时，取决于食物的类型和数量。

离开胃部后，部分消化的食物进入小肠。这里是营养吸收的主要场所，也是消化过程中最精彩的部分！

在小肠中，食糜会遇到来自胰腺的消化酶和来自肝脏的胆汁。这些物质进一步分解食物中的蛋白质、脂肪和碳水化合物。小肠内壁布满了微小的绒毛，大大增加了吸收表面积。它们像饥饿的小手，急切地抓取各种营养物质。通过这些绒毛，营养成分被吸收进入血液循环，送往身体各个角落。

值得一提的是，不同的营养成分有不同的吸收方式：碳水化合物被分解成葡萄糖等单糖，蛋白质被分解成氨基酸，脂肪被分解成脂肪酸和甘油。这些分解后的营养物质通过肠壁进入血液，开始它们在体内的新旅程。

经过小肠的充分吸收后，剩余的物质进入大肠。在这里，大部分水分被重新吸收，这对身体保持水平衡很重要，剩余的废物逐渐形成粪便。大肠中的有益菌群还会对一些纤维素进行发酵，产生对人体有益的物质。

最后，经过24—72小时的旅程，不能被消化吸收的物质形成粪便，通过肛门排出体外。这标志着一片青菜在人体内奇妙旅程的结束。

通过这段奇妙的旅程，我们可以看到人体消化系统的精妙设计。从口腔的初步处理，到胃的强力搅拌，再到小肠的精细吸收，每个环节都恰到好处，确保我们能从食物中获取最多的营养。

下次，当咀嚼一片青菜时，你不妨想象它即将开始的奇妙之旅。这不仅能让你更加珍惜食物，也能让你更深刻地体会到生命的神奇和人体的美妙。

记住，健康的饮食习惯和均衡的营养摄入是保持身体健康的关键。多吃蔬菜不仅能为身体提供必要的维生素和矿物质，还能促进消化系统的健康运作。让我们一起感恩自然的馈赠，珍惜每一口食物，善待我们神奇的身体！

21

肺活量大挑战：深吸一口气看看会发生什么

你有没有想过，我们每天进行的呼吸究竟是怎么回事？今天，让我们一起来进行一次有趣的肺活量大挑战，深入探索深呼吸时身体所发生的神奇变化！

首先，找一个安静且舒适的地方——可以是一把柔软的椅子，或是铺着瑜伽垫的地板。闭上眼睛，放松全身，让紧张的肌肉一点点松弛下来。感受一下此刻的呼吸节奏，为接下来的深呼吸挑战做好准备。

现在，让我们开始这次奇妙的呼吸之旅。缓缓地、深深地吸气，感受清新的空气如涓涓细流般涌入你的鼻腔，这里就像一个精密的空气净化系统。

鼻毛犹如门卫，过滤掉空气中的大颗粒杂质。黏膜分泌黏液，捕捉更小的颗粒。鼻腔还可以进行温度调节，将吸入的空气加热或冷却至接近体温。想象一下，空气正穿过一个微型的空气净化器，出来时已经干净、湿润、温暖，为进入肺部做好准备。

净化后的空气通过喉咙一路向下进入气管。气管内壁覆盖着纤毛，就像无数微小的刷子，不断向上摆动，将可能进入的灰尘颗粒清除出去，最终到达肺部。

气管分叉成左右两支主支气管，然后继续分支，形成支气管树。这个结构就像一棵倒置的树，或者说是一个复杂的高速公路网络，将空气输送到肺部的每个角落。

你会惊奇地发现，随着吸气的进行，你的胸腔仿佛变成了一个不断膨胀的气球。肋骨微微上抬，胸腔容积逐渐增大，肺叶随之舒展开来。这一刻，新鲜的空气正在取代肺内残留的废气，为你的身体注入活力。

空气最终到达肺泡，这是呼吸的核心舞台。每个肺泡都被毛细血管网包围，氧气和二氧化碳就在这里进行交换。

在这个过程中，一个奇妙的气体交换正在悄然发生。充满氧气的新鲜空气通过肺泡壁上极其纤薄的膜，与周围密布的毛细血管中的血液进行交换。氧气溶解在血液中，搭乘红细胞"特快专列"，奔赴全身各个角落，为细胞提供宝贵的能量来源。

你可能会好奇，为什么深呼吸时我们的肺和胸腔会发生如此显著的变化？这是因为在平常的呼吸过程中，我们只使用了部分肺泡进行气体交换。而在深呼吸的过程中，我们进行了最大限度的吸气和呼气，使得更多的肺泡得到充分扩张，大大增加了气体交换的表面积。这就像把原本半开的窗户完全打开，让更多的新鲜空气涌入室内。

现在，让我们尝试屏住呼吸5秒钟。你可能会感到一丝紧张或轻微的不适，这是正常的。这短暂的屏息时刻，让我们更加清晰地感受到生命的律动和身体的奇妙。

接下来，慢慢地、均匀地呼出气体。感受胸腔慢慢回落，肺叶逐渐恢复原状。在这个过程中，我们体内积累的二氧化碳被排出体外，为下一次吸气做好准备。

定期进行深呼吸练习有诸多好处。它可以加快新陈代谢，为缺氧组织提供更充足的氧气供应，并及时排出体内积聚的二氧化碳。这不仅有利于呼吸系统的健康，还能促进全身各个系统的正常运作。

然而，我们也要注意，过度用力的深呼吸可能会导致肺泡损伤或氧化应激。因此，进行深呼吸练习时要循序渐进，只有掌握正确的技巧，才能获得最佳效果。

通过持续的深呼吸练习，你不仅可以增强肺活量，还能体会到呼吸对心理状态的积极影响。你可能会发现自己变得更加平静、专注，甚至能更好地应对压力。

健康的肺活量是整体健康的重要组成部分。适当的深呼吸练习不仅能提高心肺功能，还是一种简单而有效的健康增强方法。下次，当感到压力或需要放松时，你不妨尝试几次深呼吸，感受这种简单而强大的生理调节方式带来的奇妙变化。

通过这次肺活量大挑战，我们不仅亲身体验了深呼吸的奥秘，也更深刻地认识到了呼吸对我们身心健康的重要性。记住，呼吸是连接身心的桥梁。通过有意识地调节呼吸，我们不仅可以改善身体健康，还能平衡情绪，从而提升生活质量。每一次呼吸，都是生命的馈赠，都是与世界相连的纽带。让我们珍惜每一次呼吸，感受生命的律动，拥抱健康美好的人生！

22

水分代谢的奥秘：人体为何需要反复补充水分

水，这种看似简单的化合物，却是生命存在的基础。我们的身体每天都在不断地消耗和补充水分。这个精妙的平衡过程背后，蕴含着令人惊叹的生理奥秘。让我们一起揭开人体水分代谢的神秘面纱，了解为什么我们需要持续不断地补充水分。

如果将人体中的所有水分倒出来会是什么景象？一个成年人体内竟然有55%—65%的水分！这些水分并非静止不动，而是在不同器官和组织间不断流动。

想象一下，你的身体是一座繁忙的现代化城市，而水就是这座城市的生命之源。从高耸的摩天大楼（器官）到繁忙的街道（血管），从地下管网（淋巴系统）到处理厂（肾脏），每一处都离不开水的滋养和清洁。

水是自然界最完美的溶剂。在我们体内，它溶解并运输各种营养物质，如葡萄糖、氨基酸等，将它们送达每一个细胞。同时，它也带走细胞代谢产生的废物。几乎所有的生化反应都在水溶液中进行。没有水，我们体内的酶就无法发挥作用，新陈代谢也将停滞。水帮助维持细胞的形态和稳定性。细胞膜的双层脂质结构也需要水分来保持其功能。

就像一座城市需要持续的能源供应一样，我们的身体在进行基础代谢时也在不断消耗水分。想象一下，你的细胞是城市中的小型发电站，它们不断地进行着能量转换，产生热量。为了维持理想的"工作温度"，身体需要通过出汗来散热。这就像城市中的冷却塔，不断通过蒸发水来降温。即使你什么都不做，只是安静地坐着，身体也在持续地流失水分。另外，排泄产生的尿液和粪便中都含有大量水分。

具体到人体的各个系统，水分具有重要的作用。在循环系统中，水是血液的主要成分，帮助运输氧气和营养物质。在消化系统中，水参与食物的消化过程，帮助溶解营养物质，润滑肠道。在排泄系统中，肾脏需要充足的水分来过滤血液，排出体内废物。此外，通过出汗和蒸发，水帮助我们维持恒定的体温。水还是关节滑液的主要成分，帮助减少摩擦，保护关节。

当我们失去的水分没有得到及时补充时，身体就会发出警报。轻度脱水表现为口渴，这是最初级的提醒，而尿液颜色变深，这表明肾脏在努力保留水分；中度脱水表现为尿量减少、头晕、口干、心跳加速等；重度脱水表现为意识模糊，器官功能衰竭，甚至会出现生命危险。

把你的神经系统想象成城市的通信网络。缺水就像通信线路受到干扰，可能会导致头痛、注意力不集中等问题。保持良好的水分平衡，就像确保城市的通信系统畅通无阻，信息可以快速准确地传递。

你可能会想，渴了就喝水，不渴就不喝，多简单啊！但事实并非如此。让我们来认识一下人体的"水务局"——下丘脑。

下丘脑就像一个精明的管理员，通过监测血液中的渗透压（可以理解为水分浓度）来调控我们的饮水行为。当血液变得"浓稠"时，下丘脑就会发出"渴"的信号，提醒我们补充水分。

有趣的是，当我们感到口渴时，体内其实已经略有脱水。这就是为什么运动专家总是提醒我们："不要等到渴了再喝水！"

因此，保持水分平衡是一个重要的课题。我们要保持规律的饮水习惯。水果和蔬菜含有大量水分，可以补充部分水分需求。我们在运动前、中、后都要适量饮水。在炎热或干燥的环境中，我们要增加饮水量。

水分代谢是一个持续不断的过程，就像一条永不停歇的河流，滋养着我们身体的每一个角落。

了解了水分在我们体内的重要作用，我们就能更好地理解为什么需要不断补充水分。水不仅仅是解渴的饮品，还是维持生命的必需品，是我们身体内每个细胞、每个系统正常运作的基础。

　　下次，当拿起水杯时，你不妨想象一下这些水分将在你体内进行的奇妙旅行。它将穿梭于细胞之间，参与无数生命活动，最终又回归自然。这不仅是一个简单的喝水动作，更是你与生命之源的一次亲密对话。让我们珍惜每一滴水，善待我们的身体，保持充足的水分摄入，让生命之源在体内畅通无阻地流淌，维护我们的健康与活力！

23

大脑总部如何协调身体各系统活动

人体是一个高度复杂而精密的有机体，能够维持众多生命活动的正常运转。其中，大脑扮演着至关重要的核心调控角色。作为身体的总指挥中心，大脑通过收集各部位的信息反馈，并下达相应的指令，协调各个系统，最终保证身心健康。

大脑的结构体现了专业分工、各司其职的特点。大脑皮层是决策中心，负责高级思维、决策和意识活动。小脑是平衡协调中心，负责协调身体运动和保持平衡。脑干是生命维持中心，控制呼吸、心跳等基本生命活动。下丘脑是内部平衡调节器，负责调节体温、饥渴等内部平衡。

如果大脑是一座城市，那么神经元就是这座城市的通信网络。想象一下，每个神经元都是一个微型的通信站，通过"电话线"（轴突）和"接收器"（树突）与其他神经元相连。

信息在神经元之间的传递就像一场复杂的接力赛。当一个神经元接收到足够的刺激时，它会产生一个电信号（动作电位），这个信号沿着轴突传递，最后通过突触释放化学物质（神经递质），从而传递给下一个神经元。

让我们通过几个日常生活中的例子，来领略大脑协调身体系统的奇妙过程。

当我们感到口渴时，这个看似简单的生理反应背后其实蕴含着复杂的神经调控机制。口腔和咽喉处的渗透压感受器会检测到体内水分不足，立即向大脑发送"口干"信号。大脑在接收到这一信息后，会启动一系列精密的调控过程：大脑会立即指示身体保持水分平衡，让你产生想要喝水的欲望。同时，大脑会指挥肾脏减少尿液产生，让皮肤减少出汗，以最大限度地保存体内水分。此外，大脑还会调动我们的认知功能，促使我们主动寻找水源。这一过程持续进行，直到我们补充足够的水分，让口渴感消失为止。

不仅如此，人体恒温系统的调控同样展现了大脑的神奇能力。当我们处于寒冷环境中时，皮肤上的温度感受器会立即将寒冷信号传递给大脑。大脑的体温调节中心接收到这一信息后，会迅速做出反应：命令骨骼肌产生不自主的颤抖，通过肌肉收缩产生热量；促使血管收缩，减少热量从皮肤表面散失。同时，大脑还会驱使我们采取主动行为，如寻找温暖的庇护所或添加衣物。

此外，血糖水平的维持是另一个体现大脑智慧的绝佳例子。当血糖降低时，大脑还能调节食欲和代谢，确保血糖水平保持稳定。

除了这些基本的生理调节外，大脑的协调功能还体现在更加复杂和高级的层面。例如，对于求知欲旺盛的学生，海马体、大脑皮层和其他脑区协同工作，使他们能够学习新知识，形成长期记忆。此外，通过一系列共同合作和相互配合，大脑确保我们能够完成从简单的行走到复杂的杂技表演等各种精细动作，使我们能够理解和表达复杂的语言，还可以调节我们的情绪和社交行为，并且保证身体各系统能够得到适当的休息和修复。这种跨系统的协调对于个体的生存与发展至关重要。

大脑如此精妙的协调能力，是亿万年生物进化的结果。这种高效的中央调控机制确保了我们能够适应复杂多变的环境，维持身体的内部平衡，并进行高级的认知活动。

然而，我们也要意识到，大脑的调控并非完美无缺。某些情况下，如疾病、压力或环境因素的影响，可能会导致调控失衡。因此，保持健康的生活方式，如均衡饮食、规律作息、适度运动等，对于维护大脑功能至关重要。

总而言之，大脑作为人体的最高指挥中心，以其无与伦比的智慧和效率协调着身体各个系统的活动。它不仅确保了我们的生理功能正常运转，还赋予了我们思考、创造和感受的能力。了解和珍惜这个神奇的器官，能让我们更深刻地体会到生命的奇妙和珍贵。

24

你相信自己的血型可能和父母不一样吗

你是否听过这样一句玩笑话："你的血型和父母不一样，该不会是抱错了吧？"如果你曾因这样的话感到困惑和不安，别担心，让我们一起揭开血型遗传的科学面纱，了解这个有趣而复杂的生物学现象。

首先，我们需要明白一个基本概念：血型是由基因决定的。每个人的血型基因都来自父母，但这并不意味着子女的血型必须与父母相同。这是因为：决定血型的基因有多种类型，主要包括A、B和O三种等位基因。每个人从父母那里各获得一半的基因，这个过程是随机的，就像一场精密的基因抽奖，结果往往出人意料。在ABO血型系统中，A和B是显性基因，而O是隐性基因。

这意味着，如果一个人携带了A基因或B基因，即使同时携带O基因，表现出来的也会是A型或B型血。只有当一个人从父母双方都继承了O基因，他才会表现为O型血。这就好比在一个热闹的派对上，性格外向的人（显性基因）往往更容易被注意到，而内向的人

（隐性基因）可能被忽视。

要理解血型遗传，我们不得不提到著名的孟德尔遗传定律[①]。根据这一定律，子代的血型是由父母双方基因随机组合而成的。这就像从两副扑克牌中各抽一张牌，最终组合成新的一手牌。这意味着，血型的遗传并非简单的"复制和粘贴"，而是一个概率事件。让我们来看几个例子：

如果父母双方都是O型血（OO），那么子女只能是O型血（OO）。

如果一方是A型血（AA或AO），另一方是B型血（BB或BO），那么子女可能是A型血、B型血、AB型血或O型血，具体取决于父母的基因组合。

如果一方是AB型血（AB），另一方是O型血（OO），那子女可能是A型血或B型血。

基于这些规律，我们可以得出以下有趣的结论：

两个O型血的父母不可能有非O型血的孩子。

AB型血的人不可能有O型血的孩子。

[①] 孟德尔遗传定律，由奥地利遗传学家格雷戈尔·孟德尔通过豌豆杂交实验发现。

A型血和B型血的父母可能会有O型血的孩子，前提是双方都携带O基因（AO和BO）。

因此，在已知父母血型的前提下，利用这些遗传规律，我们通常可以推导出子女可能的血型。这个过程就像解一道有趣的数学题，需要考虑各种可能性和概率。

虽然大多数情况下，血型遗传遵循上述规律，但生物学总有其复杂性。极少数情况下，可能会出现基因突变或其他罕见的遗传现象，导致血型呈现出意想不到的结果。这些情况虽然罕见，但在医学上都有记录和解释。

重要的是，要记住，血型不同并不意味着亲子关系有问题。正如我们所讨论的，血型的遗传是一个复杂的过程，完全可能出现子女血型与父母都不同的情况。这只是遗传学的正常现象，绝不应该影响家庭关系或亲情。

了解血型遗传的科学原理，可以帮助我们消除不必要的疑虑和误解。无论血型如何，真正重要的是家人之间的爱与关怀。血型只是我们生物学特征的一小部分，就像眼睛的颜色或头发的卷曲程度一样。它不能定义我们是谁，也不能决定我们与家人的亲密关系。

下次，当听到有关血型的玩笑话时，你不妨微笑着向对方解释这些有趣的科学知识。记住，你的血型，无论是否与父母相同，都是大自然赐予你的独特礼物。它让你成为独一无二的你，而这正是值得珍惜和骄傲的地方。

　　血型可能不同，但爱永远相通。让我们珍惜彼此，用科学的眼光看待世界，用温暖的心拥抱生活中的每一个惊喜。

Part 4

守望绿色地球：植物生活面面观

25

为植物进行一次"体检"——认识根、茎、叶

　　植物也有它们独特的"身体结构"。就像我们为了健康需要定期体检一样，今天，让我们一起化身为植物医生，对我们身边的绿色朋友们进行一次奇妙的"体检"吧！这次体检将带我们深入了解植物的根、茎、叶，探索它们如何协同工作，如何支撑起整个植物的生命。

　　想象一下，我们现在正戴着特殊的眼镜，可以看到藏在土壤里的植物根系。哇！看到了什么？

　　根系就像植物的"腿脚"，它们深深扎进土壤里，为植物提供稳固的支撑。如果没有这些根，植物就会像一个没有脚的人一样，东倒西歪，无法站立。

　　主根向下生长，就像植物的"锚"，牢牢地将植物固定在土壤中，使其能够抵御风雨。有些植物的根还能储存养分，比如我们爱吃的胡萝卜和红薯，它们其实是植物的"储物间"！无数细小的根毛像一张巨大的网，从土壤中吸收水分和矿物质，为植物提供生命

所需的养分。

有些植物的根系可以延伸到地下很深的地方。例如，沙漠中的一些植物，它们的根可以扎入地下深达30米，相当于一栋10层楼高的建筑！

现在，让我们把目光转向植物的茎。茎就像植物的"主干"，它有着多种重要的功能。

茎为植物提供结构支撑，就像我们的脊椎一样，赋予了植物挺拔的姿态，让叶子和花朵能够舒展开来，迎接阳光。茎内部有特殊的"管道"，可以将根部吸收的水分和养分输送到植物的各个部分，就像我们身体里的血管。

有些植物的茎还具有特殊功能。比如，仙人掌的茎能够储存大量水分，帮助它在干旱的沙漠中生存。甘蔗的茎储存了大量的糖分。而爬山虎的茎上长满了吸盘，能够牢牢地吸附在墙壁上，让植物向上攀爬。

最后，让我们来检查一下叶子。

叶子是植物的"太阳能工厂"。它们通常呈现出绿色，并含有促进光合作用的叶绿素。它们吸收阳光和二氧化碳，通过光合作用将其转化为有机物和氧气，为植物提供能量和物质基础。叶子上有许多小孔，名为气孔。通过这些小孔，植物可以进行呼吸，就像我们呼吸空气一样。叶子还能通过蒸腾作用调节植物体内的水分，保持水分平衡。

有些植物的叶子还进化出了独特的功能。比如，捕蝇草的叶子变成了能够捕捉昆虫的"陷阱"，而仙人球的叶子则退化成了尖刺，用来保护自己免受动物的啃食。

虽然我们今天主要关注根、茎、叶，但别忘了花朵和果实也是植物的重要部分！

花朵是植物的"爱情使者"，负责繁衍后代。果实保护种子，帮助植物传播到更远的地方。

通过这次奇妙的"体检"，我们看到了植物的根、茎、叶是如何协同工作的。可以看出，它们就像一个完美的团队，根、茎、叶各司其职、相互依存，这使得植物能够生长和发育。如果用人进行类比，它们就像植物的器官系统，各负其责，并通过协作相互支持，让植物能够在各种环境中茁壮成长。

植物的这种精妙设计让我们不禁惊叹大自然的智慧。下次，当你看到一棵树、一朵花或者一片绿叶时，希望你能想起今天学到的知识，用新的眼光去欣赏它们的美丽与神奇。

记住，每一株植物都是大自然的杰作，值得我们去爱护和尊重。让我们一起成为植物的好朋友，守护这个绿色的世界吧！

26

植物守护地球：它们在环境中发挥了哪些作用呢

在这个蓝色星球上，有一群无声的英雄，它们日复一日地守护着我们的家园，为地球的生态平衡做出巨大贡献。它们就是植物，从高大的树木到细小的草芽，每一株植物都在以自己独特的方式保护着我们的环境。

如果地球是一个巨大的房间，那么植物就是这个房间里最高效的空气净化器。通过神奇的光合作用，植物不仅为我们提供了赖以生存的氧气，还帮助减少大气中的二氧化碳含量。想象一下，你正坐在一片郁郁葱葱的森林里，深深地吸一口气，那清新的空气就是数百万片叶子辛勤工作的成果。

此外，植物还能吸附空气中的灰尘和有害气体，如二氧化硫、氮氧化物等，真正成为城市中的"绿肺"。

植物的根系就像一张巨大的网，牢牢地抓住土壤，防止水土流失。这种看似简单的行为，实际上对整个生态系统起着至关重要的作用。这在山区尤为重要。想象一下暴雨同时冲刷着一座光秃秃的山坡和一座郁郁葱葱的森林。显然，有植物保护的山坡能更好地抵御雨水的侵蚀。

植物的根系可以增加土壤的渗透性，减少地表径流，有效防止水土流失。在沙漠边缘地区，植物是抵抗沙漠化的第一道防线。它们的根系可以固定沙土，阻止沙尘暴的形成。森林就像一个巨大的"海绵"，可以吸收并储存大量的水分，调节地下水位，维持河流的稳定流量。

植物的根系不仅能固定土壤，还能改善土壤结构。当植物枯萎后，它们的残体会分解成有机质，滋养土壤。这就像植物在给土地施肥，持续改善土壤的肥力。

在一些贫瘠的地区，人们种植豆科植物来改良土壤。这些植物的根部有固氮菌，能够将空气中的氮转化为植物可以利用的形式，从而自然地为土地"施肥"。

植物为无数生物提供了食物和栖息地，是整个生态系统的基础。作为初级生产者，植物是几乎所有食物链的起点。一棵树可以成为数百种昆虫、鸟类和其他动物的家园。想象一片热带雨林，从地面到树冠，每一层都有不同的动物在其中生活。蝴蝶在花间翩翩起舞，鸟儿在枝头歌唱，猴子在树冠间跳跃……这一切都离不开植物的支持。

在应对全球气候变化的挑战中，植物扮演着不可或缺的角色。植物如同地球的"自然空调"，通过蒸腾作用释放水分，可以显著降低周围环境的温度。这就像在炎热的夏天，你站在一棵大树下，会感觉凉爽许多。

植物不仅对物理环境有益，对人类的心理健康也有积极影响。绿色植物不仅可以美化环境，提高生活质量，还可以吸收和散射声波，减少城市噪声污染。研究表明，接触自然环境可以减少压力，提高注意力和创造力。

植物在环境保护中的作用还在不断被发掘和扩展。某些植物可以吸收土壤和水体中的污染物，帮助修复受污染的环境。快速生长的植物可以用作生物质能源，为清洁能源的发展提供新的可能。植物纤维正在被研究用作环保材料，替代塑料等不可降解材料。

植物是地球上最伟大的环境工程师，它们默默地维护着地球的生态平衡。然而，随着人类活动的加剧，许多植物物种正面临着前所未有的威胁。森林砍伐、环境污染、气候变化等因素正在减少植物的数量和多样性。

保护植物，就是保护我们的未来。每个人都可以为此做出贡献。例如，参与植树活动，增加绿化面积。使用可回收材料，减少对森林资源的消耗。珍惜水资源，间接保护依赖水源的植物生态系统。做好自己的同时，我们别忘了向下一代传递植物保护的重要性。

从微观到宏观，从城市到荒野，植物以各种方式守护着我们的地球。下次，当漫步在公园里，或者站在一棵大树下乘凉时，你不妨想象一下这些绿色卫士正在默默地工作，维护着我们共同的家园。

让我们携手行动，尊重自然，保护植物，共同守护我们美丽的绿色家园。记住，每一片叶子都是地球的守护者，每一棵树都是我们未来的希望。让我们以实际行动，向这些无声的英雄致敬，共同创造一个可持续发展的美好未来！

27

藻类的时光旅行：它们见证了地球的变迁吗

在地球浩瀚的生命长河中，有一群默默无闻的小生命，它们虽然微小，却见证了这颗蓝色星球上最壮丽的生命演化史诗。它们就是藻类，这些简单又神奇的生物，在地球上已经存在了数十亿年。其中，蓝藻被称为真正的"活化石"。让我们一起踏上时光机，跟随藻类的脚步，回顾地球生命演化的惊人历程。

在大约35亿年前的地球上，那时的世界与我们今天所见的完全不同：没有绿树成荫的森林，没有蔚蓝的天空，甚至连氧气都几乎不存在。在这个看似荒芜的世界里，原始的光合微生物（蓝细菌）——藻类的祖先——悄然诞生了。

这些微小的生命形式开启了地球上最伟大的化学反应之一：光合作用。它们利用阳光的能量，将二氧化碳和水转化为有机物，同时释放出氧气。这个看似简单的过程，为地球的未来种下了改变的种子。

随着时间的推移，这些"藻类祖先"不知疲倦地进行着光合作用，缓慢并坚定地改变着地球的面貌。慢慢地，地球的大气开始发生变化。

经过几十亿年的光合作用，蓝细菌和早期藻类产生的氧气终于在大气中积累到了显著水平。这场"氧气革命"彻底改变了地球的面貌：天空开始呈现蓝色，臭氧层形成，为后来的陆地生命提供了保护。

藻类在这场地球历史上最重要的变革中扮演了关键角色。它们不仅改变了大气成分，还为海洋和湖泊中的其他生物提供了食物来源，成为水域生态系统的基石。

继续时间旅行，我们看到了一个重要的进化飞跃——真核藻类的出现。这些新型藻类拥有更复杂的细胞结构，包括细胞核和各种细胞器。

有趣的是，科学家认为某些细胞器（如叶绿体）可能源自早期蓝细菌被其他生物"吞食"后形成的共生关系。这就像藻类在玩"俄罗斯套娃"游戏，一个生物住在另一个生物里面！

随着环境的不断变化，藻类也在进行着自己的进化之旅。它们适应了各种不同的环境，从淡水到海水，从极地到热带。

在这个过程中，藻类演化出了令人惊叹的多样性：微小的单细胞藻类，如绿藻和硅藻，成为水体中重要的初级生产者。巨大的海藻，如海带和巨藻，形成了海洋中的"水下森林"，为无数海洋生物提供栖息地。一些藻类与真菌共生，形成了地衣，成功征服了陆地环境。

每一种藻类都是大自然的杰作，都蕴含着数十亿年进化的智慧。

虽然藻类没有像恐龙那样留下巨大的化石，也没有像树木那样有年轮可以记录岁月，但它们以自己独特的方式见证并参与了地球生命演化的整个历程。

藻类是最早的光合生物之一，为地球注入了生命之气，见证了从单细胞生物到复杂多细胞生物的演化过程。它们虽然经历了地球上的多次生物大灭绝事件，却顽强地生存了下来，为海洋和淡水生态系统提供了基础的食物来源，支撑着整个水域的食物链。

可以说，如果将地球生命比作一本书，藻类就是这本书最早的见证者和参与者。我们应该用历史学的眼光去审视和珍惜它们。

在现代社会中，藻类仍然在发挥着重要作用。它们是地球上最重要的氧气制造者之一，为我们提供宝贵的氧气。一些藻类种类正被研究用于生产生物燃料，可能成为未来清洁能源的重要来源。藻类中的某些物质在医药和食品工业中还有重要应用。

然而，藻类也面临着严峻的挑战。水体污染、气候变化等因素正在威胁着这些古老生命的生存。保护藻类，就是在保护地球生命的根源。

当仰望星空，思考生命的奥秘时，我们不要忘记脚下这些微小又伟大的生命。藻类，这些谦逊的地球生命记忆的守护者，默默地讲述着一个跨越数十亿年的故事。它们教会我们生命的坚韧、适应的智慧和共生的重要性。

让我们向这些古老的生命致敬，珍惜它们，保护它们。因为在保护藻类的同时，我们也在守护地球生命的未来。每当你看到湖面上的一抹绿色或者海滩上的海藻时，请记住：你正在目睹地球上最伟大的时间旅行者之一。它们的故事，就是我们所有生命的故事。

28

叶子知道怎么把阳光变成食物吗

如果叶子是一个"小厨师"，那么它每天的工作就是将阳光、水和空气三种看似不相关的原料，变成美味可口的"食物"。这个神奇的烹饪过程，科学家们称之为"光合作用"。让我们一起走进叶子的厨房，看看这位绿色厨师是如何施展魔法的吧！

首先，我们要了解叶子的"厨房"是什么样子的。我们如果能够用显微镜观察叶子的内部，就会发现里面有无数个微小的"厨房"，科学家们称之为"叶绿体"。

叶绿体里面装满了绿色的魔法药水——叶绿素。正是这些叶绿素，让叶子能够吸收阳光的能量，从而开始它们的神奇表演。

当温暖的阳光照射到叶子上时，魔法表演就开始了！这个魔法表演分为两个精彩的环节。

首先是光反应阶段。在这一步，叶绿素就像一个贪吃的小精灵，疯狂地吸收阳光的能量。与此同时，水分子被分解成氢离子、电子和氧气。氧气被释放到空气中，让我们可以呼吸新鲜空气。

吸收的光能被转化成化学能，储存在ATP和NADPH（还原型辅酶Ⅱ）两种神奇的分子中。

接下来是暗反应阶段。即使在没有阳光的时候，魔法也在继续，只是不能较长时间地在黑暗条件下进行。

叶子从空气中吸收二氧化碳，然后用刚才储存的能量（ATP和NADPH）将其转化成糖分子。

这个过程就像用积木搭建房子，把碳、氢、氧原子重新组合，变成了植物可以使用的食物。

通过这个奇妙的过程，在叶绿素和叶绿体的"点石成金"作用下，叶子成功地将阳光、空气和水变成了糖！这些糖就是植物的食物，它们既可以直接被植物利用，为生长提供能量，又可以被转化成淀粉储存起来，留着以后慢慢享用，还可以变成纤维素，帮助植物建造强壮的身体。

想象一下，植物就像一个精明的主妇，将多余的食物储存在"冰箱"里。有些植物，如土豆，会把多余的养分储存在块茎里。而有些树木会在秋天来临前，将养分从叶子中转移到树干和根部，以度过寒冷的冬天。

有趣的是，叶子的"厨房"并不是24小时不间断工作的，它们有自己的工作时间表。

当白天阳光充足时，光合作用全速进行。这就像厨房里一片繁忙景象，到处都是沸腾的锅和忙碌的厨师。

当晚上没有了阳光，光合作用就会停止。但叶子并没有休息，而是开始进行呼吸作用，消耗一部分白天制造的养分来维持生命活动。这就像厨房在打烊后，厨师们坐下来品尝自己做的食物。

叶子的魔法不仅滋养了植物自己，还为整个生态系统做出了巨大贡献。它可以释放氧气，让地球上的生物能够呼吸；它可以制造食物，成为动物和人类的能量来源；它还可以吸收二氧化碳，帮助调节地球的气候。

现在，你知道了叶子的秘密，有没有觉得植物更加神奇了呢？下次，当看到一片绿叶时，你不妨想象一下里面正在进行的魔法表演。记住，每一片叶子都是大自然的小英雄，它们默默地为我们创造着美好的世界。

我们也可以向叶子学习：努力吸收知识，就像它们吸收阳光一样；学会把知识转化为有用的技能，就像叶子把阳光变成食物；为身边的人和环境做出贡献，就像叶子为我们提供氧气和食物。

所以，我们可以说叶子确实"知道"如何利用阳光的能量来合成食物！它们吸收阳光，取食空气，然后用自己的绿色"魔法"，将这些"原料"转化为可食用的食物。叶子为我们的大自然制造了如此多美味的零食，真是太伟大了！

让我们一起爱护植物，多亲近大自然。这个世界上还有比一片普通的绿叶更神奇的厨师吗？

29

花朵出生记：花朵是如何一点点长大的呢

美丽的花朵是如何诞生的呢？如果花朵的一生是一部精彩的电影，那么从种子到盛开的过程就是这部电影中最激动人心的篇章。

我们的故事要从一粒小小的种子开始。很久很久以前，种子就像一个熟睡的婴儿，安静地等待着适合的时机苏醒。它可能躺在泥土里，也可能被风带到远方，又或者藏在某个动物的毛发中。它虽然身材娇小，却怀揣着一个大大的梦想——有朝一日能够成长为一朵美丽的花朵。

这粒种子静静地等待着。终于有一天，它感受到了来自生命的热情呼唤，决定要勇敢地探索这个世界。

当适宜的条件到来时，也许是春天的第一缕暖阳，或是一场及时的春雨，我们的小种子开始苏醒。它吸收着周围的水分和养分，膨胀起来，种皮裂开，鼓起勇气，一个小小的胚芽探出头来。这个小芽就像一个好奇的小宝宝，小心翼翼地张望着周围的世界。

这个过程就像蝴蝶破茧而出。想象一下，小种子正在努力地推开它的"被子"（种皮），伸出小小的"手臂"（胚芽），向着阳光的方向生长。

胚芽分成两个部分：向上生长的是幼芽，向下生长的是幼根。幼根像一个小小的探险家，钻入土壤深处，寻找水分和养分。

随着时间的推移，幼芽慢慢长高，并长出了两片可爱的小叶子。这两片叶子就像幼芽的双手，帮助它吸收更多的阳光和养分，向上生长的幼芽逐渐发育成茎。

当植物积累了足够的能量，它就开始准备开花了。

有一天，茎的顶端出现了一个神秘的小球，这就是花苞！

花苞就像一个保护罩，里面藏着未来的花朵。在花苞中，花朵的各个部分正在悄悄地发育。

花萼像花朵的小绿衣服，保护着里面娇嫩的花瓣，就像一个害羞的小姑娘，把自己裹在毯子里。花冠由美丽的花瓣组成，是花朵最吸引人的部分。

雄蕊是花朵中的"爸爸"，负责产生花粉。雌蕊是花朵中的"妈妈"，将来会变成果实和种子。

终于，在一个阳光明媚的早晨，花苞感觉到时机已经成熟。它慢慢地敞开了自己的怀抱，首先是萼片分开，然后露出了里面娇艳的花瓣。

花瓣一开始可能还是卷曲的，但很快就会舒展开来，像舞者的裙摆，在阳光下缓缓展开，最终呈现出最美的姿态。

花朵在完全绽放时，散发出迷人的香气，仿佛在向世界宣告："看，我终于长大了！"

雄蕊和雌蕊已经准备就绪，等待着传递生命的机会。鲜艳的花瓣吸引了蝴蝶和小蜜蜂，它们飞来飞去，帮助花朵传播花粉。想象花朵是一个热闹的舞会现场：色彩鲜艳的花瓣是漂亮的礼服，香气是动人的音乐，而前来的昆虫就是舞会的客人。

花朵在阳光下尽情绽放，度过了它最美丽的时光。当花期结束时，花瓣会慢慢凋落，但这并不是结束，而是新生命的开始。

花朵的雌蕊会变成果实，里面孕育着新的种子。这些种子会被风儿或小动物带到新的地方，开始新的生命旅程。这就像一个永不停息的接力赛，花朵将生命的接力棒传给了果实和种子，而种子又将开始新的赛程。

从一粒小小的种子到一朵绚丽的花朵，这是一个充满奇迹的过程。每一个阶段都是那么的精彩：种子的萌发如同生命的觉醒，幼苗的成长像孩童的蹒跚学步，花苞的形成仿佛少年的悸动，而盛开的花朵则是生命最绚丽的绽放。

花朵的成长过程告诉我们，每个生命都是独一无二的奇迹。从一粒小小的种子到绚丽多彩的花朵，这个过程需要时间、养分，还需要阳光和雨露的呵护。

　　小朋友们，你们就像这些花朵一样，正在成长的过程中。只要有梦想，努力长大，终有一天，你们也会像美丽的花朵一样绽放光彩，为这个世界增添美丽和芬芳！

30

碳元素的环球之旅

你是否曾经梦想过环游世界，领略各地的风土人情？然而，在我们尚未踏上旅程之时，自然界中的一位小英雄——碳元素，早已开始了它的壮丽冒险。这不仅仅是一次简单的旅行，更是一场跨越整个生物圈的宏大循环！让我们一起追随碳元素的脚步，见证它如何塑造我们熟知的世界。

我们的旅程始于深邃神秘的宇宙。碳元素的诞生可以追溯到遥远的星际空间。庞大的恒星内部进行着剧烈的核聚变反应，像一座巨大的宇宙熔炉。当这些恒星耗尽燃料，迎来生命的终章——超新星爆发时，大量的碳元素被猛烈地喷射到宇宙中。这些碳元素在星际间漫游，与其他元素相遇，组成了宇宙中的尘埃和气体云团。

约46亿年前，这些漂泊的碳元素云团开始聚集，逐渐形成了我们的太阳系。其中一部分碳元素来到了一颗蔚蓝的行星——地球。在地球形成的初期，大量的碳元素成为原始大气层的重要组成部分。在这里，碳元素结识了新朋友——氧元素和氢元素。三者携手合作，组成了温室气体二氧化碳和甲烷，为生命的诞生创造了条件。

随着时间的推移，碳元素的旅程带它来到了浩瀚的海洋。在这片生机勃勃的水域中，碳元素与水分子形成了无数有趣的碳化合物。有些碳元素累了，决定小憩一会儿，于是沉入海底，经过漫长的地质年代，变成了煤炭、石油等化石燃料，静静地储存在地层中，等待着被人类发现和开采。这些化石燃料储存了大量的能量，成为人类文明发展的重要能源。

生命的演化为碳元素开启了新的冒险。通过光合作用，绿色植物从空气中吸收二氧化碳，将其转化为糖分、淀粉等有机物，成为生命的基础营养成分。碳元素以这种方式进入生物圈，成为构建生命的重要砖块。

当食草动物享用植物时，植物中的碳元素便进入动物的身体，成为它们组织的一部分。碳元素成为动物体内蛋白质、脂肪等重要物质的组成部分。通过呼吸作用，一部分碳元素又以二氧化碳的形式返回大气。

而当食肉动物捕食其他动物时，碳元素又完成了新的转移。就这样，碳元素在食物链中不断传递，见证了生态系统的复杂与平衡。

所有生命终有落幕之时。当动植物死亡后，它们的遗体被微生物分解。在这个过程中，碳元素被释放出来。一部分碳元素回到土壤，滋养新的生命。另一部分碳元素重新回到大气中，以二氧化碳的形式继续它的旅程。它再次与老朋友——氧元素和氢元素相遇，共同维持着地球的生态平衡。

碳元素的环球之旅是一个永不停歇的循环。从宇宙尘埃到行星大气，从岩石矿物到生物体，碳元素在地球的各个圈层不断转换形态，周而复始。它见证了地球上生命的起源、演化和繁衍，因此被誉为"生命元素"。

随着人类文明的发展，碳元素的旅程面临新的变化：化石燃料的大量使用，使得更多的碳元素以二氧化碳的形式进入大气。这导致了全球气候变化，为碳元素的循环带来了新的挑战。科学家们正在努力寻找方法，使碳元素的循环重新达到平衡。

这趟奇妙的旅程不仅展现了自然界的神奇，也揭示了生命与环境之间密不可分的联系。每一个碳原子都有自己独特的故事，而这些故事汇聚在一起，编织出了地球生命的华丽篇章。

碳元素的环球之旅告诉我们，地球上的一切都是相互联系的。从宇宙尘埃到生命的基石，碳元素见证了地球的演变和生命的奇迹。它的旅程提醒我们，要珍惜地球，保护环境，维护自然的平衡。

让我们一起努力，成为碳元素旅程中负责任的参与者和守护者，为地球的未来贡献自己的力量！

下次，当看到一棵树、一朵花，或者呼吸着新鲜空气时，你不妨想想：也许此刻，你正在与一个曾游历宇宙、见证地球诞生的碳原子擦肩而过。这样的认知，是否让你对生命和自然更加敬畏与珍惜呢？

31

世界上真的存在“吃肉的植物”吗

在这个多姿多彩的自然世界中，总有一些生物能够打破我们的固有认知，让我们惊叹不已。我们在谈论“食物链”时通常会想到，植物是食物链的底层，为动物提供营养。但是，你知道吗？在某些特殊的生态环境中，一些植物竟然反其道而行之，发展出了捕食动物的能力！这些独特的生物被称为“食虫植物”或“食肉植物”，它们的存在向我们展示了生命适应环境的惊人能力。

首先，让我们走进热带雨林，去认识一位著名的“植物猎手”——捕蝇草。这种植物的叶子进化成了一个精巧的捕捉装置，就像一张带着尖牙的小嘴。

想象一下，你是一只正在寻找食物的小昆虫。突然，你发现了一朵看似美丽的“花朵”，它的中心散发着甜美的香气。你兴奋地飞过去，准备享受美味的花蜜。然而，就在你落在“花瓣”上的那一刻，情况突然变得不对劲了！

原来，这不是花朵，而是捕蝇草的捕捉器官！它的叶片边缘长满了细小的触毛，只要有昆虫触碰到其中的两根触毛，叶片就会迅速合拢，将猎物困在其中。叶片内壁会分泌消化酶，慢慢将猎物分解，捕蝇草便吸收其中的营养物质。这个过程可能需要7—10天，之后捕蝇草会重新张开"嘴巴"，等待下一个猎物的到来。

在东南亚的热带雨林中，还生长着另一种独特的食虫植物——猪笼草。它的名字源于其特殊的形状：叶子末端进化成了一个类似水壶或酒杯的结构，它看起来就像一个小小的笼子。

猪笼草的捕虫策略与捕蝇草不同。猪笼草不是主动捕捉猎物，而是通过诱惑和欺骗的方式让猎物自投罗网。笼口周围会分泌甜美的蜜汁，吸引昆虫前来。然而，笼口边缘非常光滑，一不小心，昆虫就会滑落到笼中。笼内充满了消化液，猎物一旦落入就再也无法逃脱，最终被分解、吸收。

你可能会问，为什么这些植物要发展出如此独特的捕食能力呢？答案就在它们的生存环境中。

大多数食虫植物生长在贫瘠的土壤中，如酸性沼泽或岩石缝隙。这些地方缺乏植物生长所需的重要营养元素，尤其是氮元素。为了弥补这一不足，这些聪明的植物进化出了捕捉和消化小动物的能力，从而获取额外的氮元素和其他营养物质。

需要注意的是，虽然我们称它们为"食肉植物"，但它们并不完全依赖于捕食来获取营养，光合作用仍然是它们的主要能量来源。捕食动物只是它们的一种补充营养的方式，帮助它们在恶劣的环境中生存下去。

有趣的是，这些植物并没有形成类似动物的消化系统。它们没有牙齿来咀嚼食物，也没有胃来分泌胃酸。相反，它们依靠特殊的消化液来分解猎物，这个过程通常比动物的消化要慢得多。

食虫植物分泌的消化液中含有各种酶，能够分解蛋白质、脂肪和甲壳质（昆虫外骨骼的主要成分）。这个过程可能需要几天到几周的时间，这取决于猎物的大小和植物的种类。

有趣的是，一些食虫植物还会吸引细菌来帮助消化。这就像它们雇用了一群微型"厨师"！

食虫植物的存在，向我们展示了生命适应环境的惊人能力。它们打破了我们对植物的传统认知，成为生物多样性的绝佳例证。

这些独特的植物不仅在科学研究中具有重要价值，也在园艺和观赏方面备受欢迎。然而，由于栖息地的丧失和被过度采集，许多食虫植物种类正面临灭绝的威胁。保护这些神奇的生物，不仅是为了欣赏自然的奇迹，更是为了维护生态系统的平衡。

下次，当漫步在大自然中时，你或许会有幸遇到这些独特的植物。请记住，它们是大自然的珍稀瑰宝，值得我们去了解、欣赏和保护。

神奇的植物新能源

在这个能源需求不断增长、环境问题日益严峻的时代，人类正在积极寻找可持续的能源解决方案。而大自然，这位永远的智者，早已为我们准备了答案——植物新能源。这不仅是一种能源，更是一场绿色革命，一扇通向可持续未来的希望之门。

我们都知道，植物是地球上最伟大的"魔法师"之一。通过光合作用，它们将阳光、二氧化碳和水转化为养分和能量，滋养自身，同时为地球上的其他生命提供食物和氧气。但植物的神奇远不止于此。科学家们发现，植物还可以成为清洁能源的重要来源，为人类的可持续发展贡献力量。

想象一下，你驾驶汽车行驶在乡间公路上，车子两侧是一望无际的玉米田。这些金黄的玉米穗不仅可以成为美味的食物，还可能是你车子油箱里燃料的来源。通过提取玉米、甜高粱等农作物中的淀粉和糖分，科学家们可以通过发酵工艺制造出生物乙醇。这种可再生燃料可以与传统汽油混合使用，不仅减少了对化石燃料的依赖，还能降低汽车尾气排放，为蓝天白云贡献一份力量。

当春天来临，油菜花田绽放出一片金黄。这不仅是一道美丽的风景，更蕴含着巨大的能源潜力。科学家们利用先进的磺化工艺，从大豆、油菜籽等油料作物中提取植物油，再通过催化处理将其转化为脂肪酸甲酯。这就是我们所说的生物柴油。这种清洁燃料可以直接用于柴油发动机，为重型卡车、船舶等提供动力，同时大幅减少有害气体排放。

在这个植物新能源的奇妙世界里，有一位特别的小明星——微藻。这种微小的水生植物身形很小，不仅生长速度快，能量密度高，光合作用效率惊人，而且不占用农田，可以在盐水或废水中种植。科学家们正在大力培育不同种类的微藻，探索利用它们生产清洁环保的生物柴油。想象一下，未来我们或许可以在沙漠中建立大型微藻培养基地，将荒芜之地变成绿色能源的摇篮。未来的加油站可能是一个个巨大的藻类培养池！

每当将果皮蔬叶扔进垃圾桶时，我们很少想到这些"废物"其实蕴含着巨大的能量。通过厌氧消化等生物处理过程，这些植物废弃物可以转化为甲烷气体，也就是生物天然气。这不仅解决了废弃物处理问题，还为我们提供了清洁的燃气能源，可谓一举两得。

科技的魔力让植物新能源的应用范围不断扩大。科学家们正在利用一些发光细菌和藻类植物，研发出新型的植物生物电池。这种创新技术可以将光能直接转化为电能，为我们提供可再生的绿色电源。想象一下，未来我们的手机充电器可能就是一盆充满活力的绿植！

另外，科学家还在进行超越自然的尝试——人工光合作用。自然界的光合作用效率其实并不高，科学家们正在尝试创造更高效的人工系统。例如，开发仿生叶片，这是一种模仿植物叶片结构的人造装置。再如，利用生物工程改造植物或藻类的基因，提高其光合效率。

虽然这些技术还处于实验阶段，但它们代表了能源领域最激动人心的突破。想象一下，有一天我们可能会有"超级树"，其效率是普通树木的10倍或100倍！

植物新能源不仅仅是一种替代能源，更代表着一种全新的生活方式和发展理念。它将农业生产、能源开发和环境保护紧密结合，为我们描绘了一幅资源节约、环境友好的美好蓝图。

然而，我们也要认识到，发展植物新能源仍面临诸多挑战：如何平衡粮食生产和能源作物种植，如何提高能源转化效率，如何降低生产成本？这些都需要科学家、工程师和政策制定者共同努力去解决。

展望未来，植物新能源的发展潜力令人振奋。它不仅可以帮助我们减少对化石燃料的依赖，缓解环境压力，还能为农业发展注入新的活力，创造更多的就业机会。

让我们一起关注植物新能源技术的进步，支持相关研究和应用。

每个人都可以为这场绿色革命贡献自己的力量，无论是支持使用生物燃料，还是在日常生活中更多地选择可再生能源产品。

记住，每一次看到绿意盎然的植物时，你看到的不仅是生命，更是未来能源的希望。让我们携手共创一个更加清洁且可持续的美好世界！

Part 5

生物家族的能力者：漫步动物星球

33

动物如何守护大自然

我们常常讨论人类应该如何保护环境，但你们是否知道，在我们周围的动物王国中，许多成员也在以自己独特的方式守护着我们共同的家园——大自然。今天，让我们一起探索这个奇妙的世界，看看这些小小的英雄是如何为地球的生态平衡贡献力量的。

首先，让我们把目光投向森林的地下世界。那里有一群勤劳的小工程师——蚂蚁。这些"小块头、大智慧"的生物在土壤中挖掘复杂的隧道网络，就像为大地打造了一个天然的通风系统。这不仅帮助土壤保持疏松，还促进了水分和养分的循环，为植物的生长创造了理想的条件。更神奇的是，蚂蚁还担任着"森林播种员"的角色，它们会将树木的种子搬运到各个角落，助力森林的扩张和更新。

走出地下，我们来到繁花似锦的花园。这里的主角是勤劳的蜜蜂。它们在花丛间翩翩起舞，不仅为自己采集甜美的花蜜，更在无意间完成了一项至关重要的任务——传粉。当蜜蜂从一朵花飞到另一朵花时，它们的身体会沾上花粉，并将其带到其他花朵上，帮助植物完成授粉过程。这看似简单的行为，实际上是维持整个生态系统的关键环节。没有蜜蜂，许多植物将无法结果，这将对整个食物链造成严重影响。

在树林中，我们还能看到一些毛茸茸的小家伙——松鼠。这些贪吃的小动物喜欢收集和储藏各种坚果和果实。有趣的是，它们经常会忘记自己藏食物的地方，或者储存的食物太多而吃不完。这些被遗忘或剩余的果实和种子就有了发芽的机会，长成新的植物。松鼠的这种"健忘"行为，实际上帮助了植物的繁衍和森林的更新。

在高大的树冠中，灵活的猴子正在荡秋千。它们不仅为森林增添了生机，还在觅食果实和昆虫的过程中无意中成为植物种子的传播者。它们在不同的树木间穿梭时，会将食物残渣和种子带到新的地方，帮助植物拓展生长区域。

当夜幕降临，蝙蝠开始了它们的夜间巡逻。这些夜行动物是自然界的"空中清道夫"。它们大量捕食蚊子等夜行昆虫，有效控制了这些昆虫的数量，防止这些昆虫过度繁殖。

在土壤中，白蚁和蚯蚓也在默默工作。白蚁负责分解死去的植物，将其中的养分重新释放到土壤中；而蚯蚓像微型犁一样翻松土壤，促进空气、水分和养分的流动，同时清理地表的植物残骸。它们的工作对于维持土壤健康至关重要。

一些大型动物的排泄物甚至也在发挥作用。犀鸟、大象等动物的粪便是天然的有机肥料，能够为植物提供丰富的养分，促进植物生长，滋养大地。

让我们把视线转向浩瀚的海洋。体型庞大的鲸鱼通过摄食浮游生物，在海洋中形成了一个巨大的养分循环系统。它们的排泄物富含铁等元素，能够滋养浮游植物。这些浮游植物又为其他海洋生物提供食物和氧气。

在海底，可爱的海獭扮演着"珊瑚礁守护者"的角色。它们以海胆为食，从而控制海胆的数量，进而保护海底的珊瑚和海藻不被过度啃食。

天空中的苍鹰和其他食腐动物则担任着大自然的"清洁工"。它们以死亡的动物为食。这不仅可以清理环境，还能有效防止疾病的扩散。

在海洋生态系统中，鱼类、海豚、海龟等众多生物维持着复杂的食物链和生态平衡。它们的存在对调节海洋环境、影响全球气候起着不可或缺的作用。

在广袤的草原上，野生动物通过采食植物和捕食行为，自然地调控着草原生态系统的平衡。食草动物控制植被高度，食肉动物则调节食草动物的数量，二者共同维持着草原的生态多样性。

通过这些例子，我们可以清楚地看到，动物界的每一个成员都以其独特的生存方式，参与并维系着自然界的养分循环和能量流动。它们的存在和行为对于保护环境、维持生态平衡起着至关重要的作用。

因此，人类应当深刻认识到，我们与动物界是一个和谐共生的整体。我们不是地球的统治者，而是这个生态系统中的一员。保护动物，就是保护我们自己；尊重自然，就是尊重生命。让我们携手努力，与这些可爱的动物朋友一起，共同守护我们美丽的地球家园，为子孙后代留下一个生机勃勃、和谐共存的绿色世界。

动物大迁徙：它们为什么要成群结队旅行呢

你们是否曾经在电视或者书本上看到成千上万的动物一起长途跋涉的壮观景象？这就是我们今天要讲的主题——动物大迁徙。让我们一起揭开这个神奇的自然现象的面纱，探索动物们为什么要踏上这段艰辛的旅程。

什么是动物大迁徙？

动物大迁徙是指大群动物定期从一个地区移动到另一个地区的自然现象。这是一场惊心动魄的生存之旅，也是地球上最壮观的自然奇观之一。

作为"空中旅行者"的许多鸟类，如大雁、燕子和鹳，每年都会进行长距离飞行。同理，"陆地上的长跑健将"，如非洲大草原上的角马、斑马和羚羊，每年都会进行大规模的迁徙。当然，海、陆、空一个都不能少，"海洋中的远航者"，如鲸鱼、海龟和鲑鱼，每年都会进行长距离的迁徙。

你知道它们为何要成群结队地旅行吗？实际上，动物迁徙是为了更好地生存下去。

寻找食物是最主要的原因之一。当一个地方的食物资源减少时，动物们就会移动到食物更丰富的地方。

想象一下，你站在坦桑尼亚的草原上。远处，地平线上出现了一条黑色的"河流"。这不是真正的河流，而是密密麻麻的角马大军！它们踏破尘土，跨越马拉河，甚至不惧鳄鱼的袭击，只为追寻新鲜的牧草。每年，这些蹄声如雷的庞大兽群都会完成一次惊人的迁徙。

角马们跟随雨季，寻找新长出的嫩草。当一个地方的草吃完了，它们就转移到下一个"餐厅"。这不仅是为了它们自己，更是为了它们的下一代。大多数角马选择在迁徙途中的雨季生产幼崽，因为这时食物最为丰富。

此外，很多动物迁徙是为了逃避严寒或酷暑。许多鸟类在冬天来临时会飞往温暖的南方，因为寒冷的北方难以找到足够的食物。

也有为繁衍后代进行考虑的，一些动物会迁徙到特定的地方进行繁殖。

从陆地转向水中，我们来看看北美鲑鱼的传奇故事。想象你站在阿拉斯加的一条湍急的河流旁。突然，水面泛起阵阵涟漪，无数银光闪闪的鲑鱼奋力跃出水面，逆流而上。它们要回到出生的地方产卵，即使这意味着要跳过急流、瀑布，甚至要躲避饥饿的棕熊。

这次"回家之旅"对鲑鱼来说是一场生死赛跑。它们不吃不喝，全身心投入这场旅程。许多鲑鱼在产卵后就精疲力尽而死，但它们的牺牲确保了下一代的诞生。这就像一场伟大的接力赛，每一代鲑鱼都在为种族的延续努力着。

另外，群体迁徙可以提高生存概率。集体行动可以减少迷路的风险，比如候鸟们会一起飞行，互相指引方向；群体中的个体可以互相警戒，降低被捕食的风险；候鸟形成的 V 字队形可以减少飞行阻力，节省能量。

与此同时，群体迁徙有助于增加基因交流。不同群体的动物在迁徙过程中相遇，可以增加种群的遗传多样性，提高物种的适应能力。

虽然迁徙能带来诸多好处，但这段旅程并非易事。因为长距离迁徙需要消耗大量能量，而且途中可能遇到捕食者、恶劣天气或地形障碍等各种危险，此外，城市化、道路建设等人类活动的影响可能阻断迁徙路线。

动物大迁徙是自然界最壮观、最神奇的现象之一。无论是为了觅食、繁衍还是避难，这些动物都展现出了惊人的毅力和智慧。它们的旅程不仅是为了自身的生存，更是为了种族的延续。

每一次迁徙都是一场惊心动魄的冒险，充满了危险和挑战。但正是这种周而复始的生命之旅，维持了地球上的生态平衡，谱写了一曲曲生命的壮歌。这些勇敢的动物教会了我们坚持、勇气和团结的重要性。

下次，当你看到天空中飞过的候鸟或者电视上播放的角马大迁徙时，请记住：你正在见证地球上最伟大的自然奇观之一。让我们一起为这些勇敢的旅行者加油，也为保护它们和我们共同的家园——地球努力吧！

人类虽然不需要像动物一样进行大规模迁徙，但我们也可以从中学到很多：勇于面对变化，团结一致，克服困难。这些都是我们在人生旅途中需要牢记的重要课题。

35

动物之间如何进行社交

在人类世界之外，动物也有自己丰富多彩的社交生活吗？没错，动物也会像我们一样交朋友、聊天、玩耍，甚至还有自己独特的"社交礼仪"呢！让我们一起走进这个神奇的动物社交世界，看看它们是如何互相交流和沟通的吧！

在树林里，你是否听到过悦耳动听的鸟鸣声？这些小鸟并不只是在唱歌给我们听，它们其实是在用自己的"语言"进行交流！

我们要明白，动物社交并不仅仅是为了好玩。对许多物种来说，社交行为关乎生存。

小鸟会聚在树枝上叽叽喳喳地唱歌，这是它们在互相分享信息，可能是在讨论今天在哪里找到了美味的虫子，或者是在警告同伴附近有危险。

喜鹊属于非常聪明的鸟类，它们会用特别的鸣叫声来警告同伴有危险靠近。这就像我们人类社会中的"警报系统"一样。

可爱的花栗鼠在发现美味食物时，会发出兴奋的叫声，并邀请同伴一起分享。这种行为不仅体现了它们的友善，也显示了动物世界中存在的"分享"概念。

在海洋世界中，交流同样重要。鲸鱼和海豚是海洋中的"交流大师"。它们通过复杂的回声定位音来探测周围环境、寻找食物，甚至还能用不同的声音"呼唤"特定的同伴。这些声音就像它们的"名字"一样，每一个都是独一无二的。

许多动物，尤其是哺乳动物，会利用气味来传递信息。狗和其他哺乳动物会通过尿液和特殊的分泌物在自己的领地上留下"信息"。这些气味就像它们的"名片"，告诉其他动物"这里是我的地盘"。

蚂蚁和蜜蜂这些社会性昆虫，则通过触角接触和特殊的化学物质来识别同伴，维系它们复杂的社会结构。

除此之外，动物也会用肢体语言来表达自己，达到沟通交流的目的。蜜蜂的"8"字舞是大自然中最神奇的交流方式之一。通过这种特殊的舞蹈，蜜蜂可以告诉同伴在哪里能找到花蜜，甚至包括距离和方向等精确信息。

许多鸟类，如孔雀，会展示自己美丽的尾羽来吸引配偶。因此，孔雀开屏简直就是动物界最华丽的"自拍"。

黑猩猩会通过拥抱、牵手等亲密动作来表达友好。这些动作与人类的社交礼仪惊人地相似。

温顺的大象则会用长长的鼻子轻轻触碰同伴，这是它们表达友好和问候的方式。

很多动物喜欢群居生活，它们会组成类似人类社会的"社区"。例如，狼群中有明确的等级制度，头狼负责带领整个群体觅食、捕猎。这种组织方式确保了群体的生存和发展。

在黑猩猩的社会中，不同等级之间存在明确的权力差异和行为规范。这种复杂的社会结构让我们不禁惊叹于动物世界的智慧。

一些高等动物，如大猩猩和倭黑猩猩，它们的交流方式已经非常接近人类。它们能够使用简单的手势和面部表情来传达想法。有些经过训练的大猩猩甚至能够学会使用人类的手语，这显示了它们惊人的学习能力和智慧。

不同物种之间也会产生有趣的社交互动，比如，家养宠物与人类可能是最成功的跨物种"社交网络"了。

动物的社交行为远比我们想象的要复杂和有趣。通过声音、气味、动作和群体生活，动物构建了自己丰富多彩的社交网络。这些行为不仅帮助它们生存和繁衍，也维系着整个生态系统的平衡。

学习和了解动物的社交行为，不仅能增进我们对自然界的理解，还能启发我们思考人类社会的交往方式。它提醒我们，友善、合作、互相尊重这些美好的品质，在整个自然界中都是普遍存在的。下次，在浏览社交媒体时，你不妨想象一下：在广袤的自然界中，各种动物也在以它们独特的方式"上网冲浪"呢！

36

变温动物：它们能随着外界温度改变自己的体温吗

在我们这个丰富多彩的动物王国里，有一群特别神奇的小伙伴，它们就像大自然的"变色龙"，能够根据周围环境的温度来调整自己的体温。这些神奇的生物就是我们今天要介绍的主角——变温动物。

什么是变温动物？

变温动物是一类特殊的动物，它们的体温会随着环境温度的变化而发生改变。想象一下，如果你的体温可以像温度计一样随着环境变化而升高或降低，那会是一种什么样的体验？这听起来可能很神奇，但对于地球上的许多动物来说，这就是它们的日常生活。

我们熟悉的蜥蜴、蛇、乌龟，以及各种昆虫和鱼类，都属于这个神奇的群体。

变温动物虽然没有像人类那样的体温调节系统，但它们有自己独特的方法来适应环境温度的变化。

当天气变冷时，很多爬行动物喜欢爬到阳光充足的地方晒太阳，让阳光温暖自己的身体，这就像我们在冬天喜欢站在阳光下取暖一样。

清晨，你走在花园里时，可能会看到蜥蜴趴在石头或树干上一动不动。别以为它们在偷懒！其实，这些小家伙正在进行"晨间充电"呢。它们会选择阳光充足的地方，尽可能多地吸收热量。当体温升高到适宜的水平后，蜥蜴就会变得活跃起来。

有趣的是，蜥蜴还会根据需要调整自己的姿势。如果需要快速升温，那么它们会将身体扁平化，以增加与阳光接触的表面积。如果觉得太热了，那么它们又会立即躲到阴凉处"降温"。这种行为就像我们在寒冷的冬天里追逐阳光，或在炎热的夏天里寻找空调一样。

从陆地走进水里，我们再来看看青蛙这种两栖变温动物。青蛙的体温调节方式更加有趣，它们可以通过改变皮肤的颜色来调节体温。

想象青蛙的皮肤就像一件神奇的衣服。当环境温度较低时，青蛙的皮肤会变得较深，以吸收更多热量。当环境温度较高时，青蛙的皮肤会变浅，以反射多余的热量。这就像我们在不同季节穿不同颜色的衣服一样。

严格来说，变温动物不能主动适应调节体温，而是被动地根据外界温度的变化做出相应的调整。它们的体温调节主要依赖于行为和生理两方面。在行为上，它们会通过辐射、对流和蒸发等方式主动调节体温。而在生理上，它们的新陈代谢水平会随着温度的变化而变化，从而影响体温。

当环境温度升高时，变温动物的新陈代谢会加快，体温也随之上升；当环境变冷时，它们的新陈代谢会放慢，体温也会下降。

因为不需要维持恒定的体温，变温动物能够非常有效地节省能量。它们可以在不同的温度环境中生存，适应性很强。在食物稀缺的时候，变温动物可以通过降低代谢率来延长生存时间。

不过，在极端温度下，变温动物可能无法正常活动，体温变化会影响活动能力和反应速度。而且，由于代谢率随温度变化，变温动物的生长速度通常比恒温动物慢。

与恒温动物相比，变温动物的体温调节能力有限。它们只能在一定范围内随环境温度变化，恒温动物则可以在较大温度范围内保持稳定的体温。这种差异直接影响了它们的生存策略和生态位。

变温动物的生存之道给我们带来了宝贵的启示。我们在生活中难免会遇到各种挑战和变化。我们可以学习变温动物的适应能力，灵活调整自己的状态，以积极的态度面对新环境和新挑战。就像变温动物一样，我们要学会在不同"温度"的环境中找到最适合自己的位置，发挥最佳状态。

变温动物的世界充满了奇妙和智慧。它们用自己独特的方式适应着这个多变的世界，向我们展示了生命的韧性和大自然的神奇。也许人类也能从这些小生命身上学到一些与自然和谐相处的智慧。

下次，当看到一只小蜥蜴在阳光下晒太阳，或者发现一只青蛙在池塘边休息时，你别忘了，你正在观察大自然的一个小小奇迹哦！

37

三人行，必有我师：人类应向动物学习

古人云："三人行，必有我师。"这句蕴含深意的古训不仅提醒我们要虚心向他人学习，更引导我们将目光投向广阔的自然界。在这个生机勃勃的大舞台，动物王国无疑是一座取之不尽、用之不竭的智慧宝库，为人类提供了丰富而宝贵的学习资源。

那么，作为万物之灵的人类，究竟应该从动物身上汲取哪些宝贵的经验和智慧呢？

动物给予人类的最深刻启示，莫过于生命本身所展现的顽强韧性。在极端恶劣的环境中，动物依然能够顽强生存，展现出令人惊叹的适应能力和生存意志。这种不屈不挠的生命力，是值得人类用一生去感悟和学习的。

除了哲学层面的启示，动物的奇妙结构和独特能力还为人类的科技创新提供了无穷的灵感。其中，仿生学，这门将生物学原理与现代工程学、材料科学、计算机科学等多学科完美结合的交叉科学，正是人类向大自然学习的最佳途径之一。

仿生学是一门研究生物系统的结构、功能和行为，并将其应用于解决工程问题的科学。通过模仿自然界中生物的特征，科学家和工程师创造出了许多革命性的发明。

人类对飞行的渴望由来已久，而鸟类无疑是我们最好的老师。莱特兄弟在发明飞机时就深受鸟类飞行原理的启发。在现代航空工程中，我们继续向鸟类学习。老鹰的翅膀结构启发了可变形机翼设计，使飞机能够在不同飞行阶段优化其性能。信天翁的锁定式关节结构被应用到飞机翼尖设计中，提高了飞行效率。猫头鹰的静音飞行能力启发工程师开发出更安静的飞机螺旋桨。

海洋生物为水下技术的发展提供了丰富的灵感。鲨鱼皮的微观结构被用于设计游泳衣，显著提高了游泳运动员的速度。鳗鱼的游动方式启发了新型水下机器人的设计，这些机器人能够灵活地在复杂环境中穿梭。

动物的"建筑"技能给人类建筑师和材料科学家带来了无穷的灵感。蜜蜂巢穴的六角形结构被广泛应用于建筑设计，既节省了材料，又增加了强度。壁虎的脚掌结构启发了新型黏合剂的开发，该黏合剂可以在各种表面实现强力黏附。蜘蛛丝的超强韧性促进了新型纤维材料的研发，这些材料在强度和轻便性上都远超传统材料。

动物的感官能力往往远超人类，为传感器技术的发展提供了方向。蛇具备独特的红外线感应能力，启发人类进行热成像设备的研发。蝙蝠的回声定位系统，启发人类发明了声呐技术。狗的灵敏嗅觉，推动人类开发出电子鼻技术，其被广泛应用于安检、医疗诊断等领域。

仿生机器人是仿生学最引人注目的应用之一。模仿蚂蚁的集群智能，科学家开发出了能够协同工作的微型机器人。仿照蛇的运动方式，研究人员设计出了能够在复杂地形中灵活移动的搜救机器人。受章鱼触手启发，科学家创造出了可以在狭小空间中自如活动的柔性机器人。

医学研究人员也从动物身上获得了众多灵感。蚊子的无痛刺吸能力被应用于开发新型注射器，大大减轻了患者的痛苦。水黾在水面上行走的能力启发了微型手术机器人的设计，有望实现更精确的微创手术。

通过以上例子，我们可以清楚地看到，大自然是人类伟大的导师，是无尽的创新源泉。仿生学为我们搭建了一座桥梁，让我们能够更好地理解和利用自然界的智慧。

动物王国为人类提供了处世哲学与科技创新两大方面的宝贵学习素材。面对这些生动的"老师"，我们应当保持谦逊求知的态度，虚心学习，不断从身边的生灵中汲取智慧。

然而，我们必须意识到，向动物学习不仅仅是为了技术创新，更是为了培养对自然的敬畏之心，从而加深我们对生态系统的理解。这提醒我们，人类并非独立于自然之外的存在，而是生态系统中不可分割的一部分。

因此，在学习和模仿动物的过程中，我们应当保持谦逊求知的态度，不断反思人类与自然的关系。我们需要在技术进步的同时，更加注重环境保护和生态平衡，努力实现人与自然的和谐共处。

仿生学的发展也为我们指明了未来科技创新的方向。我们应该更多地关注生物多样性保护，因为每一个物种都可能蕴含着尚未被发现的智慧和价值。同时，我们还需要加强跨学科合作，将生物学、工程学、材料科学等领域的知识有机结合，才能更好地解锁大自然的奥秘。

最后，让我们铭记"三人行，必有我师"的古训，保持开放和谦逊的学习态度。无论是向他人学习还是向大自然学习，我们都能不断进步，共同创造一个更美好的世界！

38

寻找回家的路：鸟儿如何辨认方向

很多人常常自嘲为"路痴"，出门稍不留神就会迷失方向。然而，在自然界中，有一群小小的精灵拥有令人惊叹的导航能力。它们是谁呢？那就是鸟儿。当看到候鸟们年复一年地进行着跨越千山万水的季节性迁徙，或者常驻鸟准确无误地返回自己的巢穴时，你是否好奇过：这些羽翼丰满的小家伙是如何在浩瀚的天地间找到自己的方向的呢？

想象一下，如果你的身体里装有一个永不出错的指南针，那该有多么方便啊！事实上，鸟儿就拥有这样一个"内置指南针"。它们对地球磁场极其敏感，能够感知地球自然磁场的强度和方向。这种能力就像一个精密的生物指南针，使得鸟儿能够轻松辨别方向。

科学家们发现，鸟儿眼睛中的某些蛋白质对磁场变化特别敏感。更神奇的是，一些研究表明，鸟儿也许能够"看到"磁场的方向。想象一下，如果你能看到磁力线，那么世界会是什么样子的？对鸟儿来说，这可能就是它们的日常视角！这种奇妙的能力，使得鸟儿即使在阴天或夜晚也能准确判断方向。

除了地磁感应，鸟儿还善于利用天体来确定方向。白天，太阳就是它们最可靠的向导。阳光并不仅仅是鸟儿的能量来源，还是它们的指路明灯。

鸟儿能够精确地感知太阳在天空中的位置变化。它们知道，太阳早晨从东方升起，中午时分位于正上方，傍晚则从西边落下。通过观察太阳的位置和移动轨迹，鸟儿就能判断出自己应该飞往哪个方向。

更神奇的是，鸟儿还能根据太阳光的偏振方向来辨别方位。即使在多云的天气里，当我们看不到太阳时，鸟儿仍然能够通过感知天空中的偏振光来确定太阳的位置。

当夜幕降临，太阳隐去，鸟儿的导航能力并未减弱。相反，它们把目光投向了浩瀚的星空。

许多夜间迁徙的鸟儿能够辨认星座的位置和移动规律。北极星是它们最重要的参照物之一。通过观察北极星和其他星座的相对位置，鸟儿能够在漆黑的夜空中找准方向。

科学家们通过实验发现，即使是在人工的星空模拟环境中，鸟儿也能根据星象的变化调整自己的飞行方向。这种能力可以说是与生俱来！

除了利用天空中的信息，鸟儿还善于识别地面的标志物。高耸入云的山脉、蜿蜒流淌的河流、广袤的平原、起伏的海岸线，这些地貌特征都是鸟儿的天然路标。

长途迁徙的鸟儿会记住沿途的地形特征，形成一种"心理地图"。这使得它们能够在每年的迁徙中重复使用相同的路线。一些研究甚至表明，年轻的鸟儿会跟随经验丰富的成年鸟学习这些迁徙路线，代代相传。

除此之外，有些鸟确实能够通过嗅觉来辨认方向，比如信鸽，它们能够记住家园周围的气味。当被带到陌生的地方释放时，信鸽会先在空中盘旋，寻找熟悉的气味，然后沿着这条"气味通道"飞回家。人类如果也有这种能力，那么走在街上就能猜出自己距离家还有多远！

信天翁等海鸟也有着惊人的嗅觉导航能力。它们能够感知海洋中的气味分子，比如浮游生物产生的硫化二甲基，从而找到富含食物的海域。

通过这些多样化的导航方式，鸟儿展现出了令人惊叹的方向感。它们综合运用地磁感应、太阳定位、星象识别、地形辨认和嗅觉导航等多种能力，构建了一个复杂而精确的生物导航系统。这使得鸟儿能够在广袤的天地间准确找到自己的目的地，完成令人惊叹的长途迁徙。

鸟儿的这种超强导航能力不仅让我们对大自然的奥妙感到敬畏，也为人类科技的发展提供了灵感。科学家们正在深入研究鸟儿的导航机制，希望能够将这些知识应用到更先进的人造导航系统中。

39

为什么鱼不会在水里溺水

为什么鱼可以在水里自由自在地游来游去，却不会像人类一样溺水呢？如果有一天你突然获得了在水下呼吸的能力，那会是一种什么样的体验？对人类来说，这可能只存在于科幻电影中；但对于鱼类而言，这就是它们的日常生活。让我们一起潜入水底，探索鱼类神奇的呼吸世界吧！

在开始探险之前，我们来了解一下呼吸的本质。无论是人类还是鱼类，呼吸的根本目的都是一样的：从环境中获取氧气，并排出二氧化碳。其中的区别在于，我们从空气中获取氧气，而鱼从水中获取氧气。

鱼类和人类生活在完全不同的环境中。人类是陆地动物，适应了在空气中呼吸；鱼类则是水中精灵，在漫长的进化历程中，发展出了一套完美的水下呼吸系统。

鱼类最重要的呼吸器官就是鳃。你可以把鳃想象成一个精密的过滤网或者一个微型的"水下肺"。当鱼张开嘴巴时，水会流进它的口腔，然后通过鳃流出。在这个过程中，溶解在水中的氧气会被鳃上的微血管吸收，然后输送到全身。

鳃的构造非常精巧。鳃由许多薄薄的鳃丝组成，这些鳃丝上布满了更细小的鳃小片。这种结构极大地增加了呼吸面积，就像把一张纸揉成一团，表面积会大大增加一样，使得鱼能够高效地从水中吸收氧气。想象一下，如果把鳃展开来，它的面积可能比鱼的整个身体还要大呢！

除了鳃，鱼的皮肤也能帮助它们呼吸。与人类厚实的皮肤不同，鱼的皮肤非常薄，而且富含血管。这种特殊的结构使得氧气可以直接穿过鱼的皮肤，被血液吸收。所以说，鱼的全身上下都在帮助它呼吸呢！

有些鱼（比如鳗鱼）的皮肤呼吸能力特别强。它们甚至可以在离开水一段时间后仍然存活，这是因为它们的皮肤可以直接从潮湿的空气中吸收氧气。

大多数鱼还有一个叫作鳃盖的结构。鳃盖就像一个可以开合的小门，覆盖在鳃的外面，作为一个初级过滤器，过滤掉水中的大颗粒杂质。当鱼呼吸时，鳃盖会有节奏地开合，帮助水流更好地通过鳃部。这就像一个小小的"呼吸风扇"，可以让鱼吸入更多的氧气，从而提高呼吸效率。

鱼类还有一个绝妙的技能：它们可以根据需要调节通过鳃的水流量。当需要更多氧气时（比如在游泳或捕食时），它们会加快鳃盖的开合速度，增加水流量。这就像我们在运动时会不自觉地加快呼吸频率一样。

相比之下，人类的呼吸系统是为了在空气中呼吸而设计的。我们的肺部结构适合吸入空气，而不是水。当水进入肺部时，我们就无法正常吸收氧气，也无法排出二氧化碳，这就导致了溺水。

同样的道理，如果鱼被拉出水面太久，那么它们也会因为无法正常呼吸而窒息。这就是为什么我们钓上来的鱼如果不及时放回水里就会死亡。

实际上，鱼类也可能面临"溺水"的危险，只是原因与人类不同。对鱼类来说，"溺水"通常意味着无法从水中获取足够的氧气。这可能是由于水中溶解氧①太少，或者鳃部受损等。

通过了解鱼类的呼吸系统，我们可以看到大自然是多么神奇。经过漫长的进化，鱼类完美地适应了水下生活，发展出了独特的呼吸方式。它们的鳃、皮肤、鳃盖、血液系统等都是精妙绝伦的"呼吸武器"，让它们能在水中自由自在地生活。

这些神奇的设计不仅让我们惊叹大自然的鬼斧神工，也提醒我们要珍惜和保护我们的水域环境。因为只有干净、健康的水，才能让鱼健康快乐地生活。

---

① 溶解氧是溶解于水中分子状态的氧，是水生生物生存不可缺少的条件。

　　鱼的呼吸方式告诉我们，生命总能找到最适合自己的生存方式。下次，当看到鱼在水中自由自在地游动时，你不妨想象一下它们体内正在进行的神奇呼吸过程。这不仅仅是简单的"呼吸"，而是生命与环境之间的一场精妙"对话"。

40

开一场虫虫盛会：认识会飞的、会爬的小昆虫

如果我们能缩小到昆虫的大小，进入它们的世界，那会是一种怎样的体验？亲爱的小朋友们，欢迎来到这场奇妙的虫虫盛会！今天，我带领大家一起探索昆虫的神奇世界，认识这些会飞的、会爬的小精灵！

昆虫是地球上最繁盛的生物类群之一，它们在漫长的进化过程中发展出了各式各样独特的生存方式和本领。今天，我们就来认识一下这些会飞和会爬的昆虫代表吧。

首先，让我们热烈欢迎我们的"空中芭蕾舞者"——美丽的蝴蝶！

蝴蝶属于鳞翅目昆虫，它们拥有一对色彩斑斓的翅膀，是真正的飞行艺术家。看啊，它们优雅地在空中翩翩起舞，轻盈地从一朵花儿飞到另一朵花儿。蝴蝶的翅膀上覆盖着细小的鳞片，这些鳞片不仅赋予了它们绚丽的色彩，还帮助它们在飞行时保持平衡。有趣的是，蝴蝶的生命周期就像一个神奇的变装秀。从毛毛虫到蛹，再

到美丽的成虫，每一个阶段都是一次华丽的转身。

紧随其后的是蝴蝶的近亲——神秘的蛾子！

虽然蛾子常常在夜间活动，但它们的翅膀上同样有着令人惊叹的图案。有些蛾子的翅膀上甚至有着像眼睛一样的斑点，用来吓退捕食者。蛾子的触角比蝴蝶更发达，这帮助它在黑暗中感知周围的环境。

接下来，让我们欢迎勤劳的小蜜蜂！

如果说蝴蝶是空中的芭蕾舞者，那么蜜蜂就是空中的杂技演员。看，它们正忙着在花丛中穿梭，采集花蜜和花粉。它们的飞行速度很快，动作敏捷，能够在狭小的空间中自如转弯。它们就像技艺高超的特技飞行员，在复杂的障碍物中穿行。

蜜蜂是大自然中最勤奋的小工人。它们不仅为我们提供甜美的蜂蜜，还在植物授粉过程中扮演着至关重要的角色。

现在，让我们把目光转向地面，欢迎我们的爬行明星——小蚂蚁！

虽然蚂蚁个头小，但它们是昆虫世界中组织能力最强的群体。它们依靠六条强壮的腿，可以在地面或树干上高效爬行。看，那只蚂蚁正拖着一片比自己身体还大的树叶，朝着蚁巢方向爬去，而蚂蚁的兄弟姐妹也正聚拢过来帮忙。蚂蚁的团队合作精神真是值得我们学习啊！

蚂蚁的社会结构非常复杂，就像一个精密运作的小型王国。有负责觅食的工蚁，有保卫蚁巢的兵蚁，还有负责产卵繁衍的蚁后。每只蚂蚁都有自己的角色，共同维持着整个蚁群的运转。

哎呀，调皮的小蟑螂也来凑热闹了！它们爬得可真快，我们赶紧让道！

虽然很多人不喜欢蟑螂，但它们在自然界中也有自己的重要角色。作为食物链的重要一环，蟑螂可以分解有机物质。蟑螂的六条腿上有特殊的感应器，能够帮助它们快速感知周围的变化，这就是为什么它们能够如此敏捷地逃跑。

说到地面上的运动健将，我们不能不提跳蚤。它们是昆虫世界里的"跳高冠军"。

想象一下，你正在观察一只跳蚤。突然，它一跃而起，跳到了离地面几十厘米高的地方。相对于跳蚤的体型来说，这个高度相当于人类跳上了一座摩天大楼的顶端！这惊人的弹跳力来自它们强壮的后腿和特殊的蛋白质结构。

跳蚤的这种能力不仅用于逃避天敌，也帮助它们寻找宿主。虽然跳蚤常被视为害虫，但不得不说，它们的运动能力确实令人惊叹。

当夜幕降临，我们的虫虫盛会迎来了最浪漫的表演者——萤火虫。

想象一个温暖的夏夜，你走在一片树林里。突然，你看到无数闪烁的小光点在空中飞舞，仿佛繁星坠落人间。这就是萤火虫在进行它们的"灯光秀"。

萤火虫的发光是一种化学反应，被称为生物发光。有趣的是，不同种类的萤火虫有不同的闪烁模式，这些闪烁是它们用来吸引异性的"求偶信号"。这就像每种萤火虫都有自己独特的"摩斯密码"，用光的语言来传递爱情信息。

仔细观察，你会发现每种昆虫都有其独特之处：有的长着奇特的角，有的会在夜晚发光，有的甚至可以在水下呼吸……每一种小昆虫都是大自然的精妙杰作！

当然，昆虫的世界远不止这些。我们只要肯静下心来观察，就会发现它们有着多姿多彩的生命形式，充满未知和惊喜。

小朋友们，让我们一起为这些神奇的小生灵热烈鼓掌吧！虽然它们的个头小，它们却是维持生态平衡的重要成员。每一种昆虫都有其存在的价值和意义。

通过今天的虫虫盛会，希望大家能够对这些小昆虫有了新的认识。让我们学会欣赏它们，尊重它们，与它们和谐相处。记住，在大自然的怀抱中，每个生命都值得我们去关爱和保护。

下次，当在花园里、草地上或者树林中看到这些小昆虫时，你不妨驻足观察一下它们。也许，你会发现一个你从未注意过的奇妙世界！

Part 6

隐秘而伟大：微生物的独特力量

41

小生物现真容：微生物是如何被发现的

在人类历史的长河中，有一个转折点彻底改变了我们对生命的认知，那就是微生物的发现。今天，我们对细菌、病毒等微生物的存在已经习以为常，但在不久前的历史中，这些微生物对人类来说还是完全不可见的神秘存在。让我们一起追溯这段令人着迷的发现之旅，探索人类是如何揭开微生物世界的神秘面纱的。

微生物的发现归功于一项革命性的发明——显微镜。这个看似简单的光学仪器，却如同发现新大陆的指南针，为人类开启了一个全新的微观世界。

在显微镜发明之前，微小的细菌和病毒对人类来说完全是不可见的。尽管这些微生物无处不在，影响着我们的日常生活，但我们对它们的存在一无所知。疾病的传播、食物的发酵、环境的变化，许多现象背后的真相被笼罩在神秘的面纱之下。

显微技术的出现如同一束光，照亮了这个未知的领域。1674年的一天，当荷兰人安东尼·范·列文虎克用一台简陋但强大的仪器观察一个普通的水滴时，令人惊叹的景象呈现在他眼前：无数微小的生物在水中游动，形状各异，活力十足，这一发现震惊了科学界。

列文虎克的发现开启了微生物学研究的新纪元。他绘制了许多微生物的图像，详细记录了他的观察结果，并将这些发现报告给英国皇家学会。尽管当时许多人对他的说法持怀疑态度，但这无疑是人类认知微生物世界的第一步。

随着时间的推移，显微技术不断进步，科学家们得以更清晰、更详细地观察微生物世界。

19世纪初，法国微生物学家路易·巴斯德利用更先进的显微镜技术，不仅观察到了更多种类的微生物，还深入研究了它们的生理特性。这奠定了现代微生物学的基础，尤其是他关于发酵过程中微生物作用的研究报告，彻底改变了人们对食品保存和疾病传播的认知。

到了19世纪中叶，德国医生罗伯特·科赫利用显微镜技术在微生物学研究中取得了突破性进展。他发现了多种致病性微生物，包括炭疽芽孢杆菌和结核分枝杆菌，明确了微生物与特定疾病之间的因果关系。科赫的工作不仅推动了微生物学的发展，还为现代医学的进步奠定了基础。

随着越来越多的科学家投入微生物研究，人类对微生物世界的认知日益丰富。科学家们开始为不同的微生物命名，根据它们的形态特征进行分类。

例如，他们发现了弯曲如月牙的弯曲菌、螺旋形的螺旋菌，还有圆球状的球菌，等等。在显微镜下，这些微小生物展现出令人惊叹的多样性，有的静止不动，有的则活跃地游动，仿佛一个缩小版的生物世界。

随着显微技术的进一步发展，科学家们发现了比细菌更小的生命形式——病毒[①]。1892年，俄国植物学家德米特里·伊万诺夫斯基在研究烟草花叶病时，发现有一种能穿过细菌过滤器的病原体。这一发现为病毒学的诞生奠定了基础。

在1931年电子显微镜发明后，1939年，人类借助电子显微镜首次直接观察到了病毒的形态。这一重大突破极大地推动了病毒学研究，使我们对这些介于生命与非生命之间的微小实体有了更深入的了解。

显微镜的发明与应用不仅让人类第一次有机会观测微观世界，确认了微生物的存在与功能，更深刻地改变了人类对生命和疾病的认知。这一发现开启了生物学和医学的新纪元，推动了抗生素的发现、疫苗的开发以及现代生物技术的发展。

然而，微生物世界的探索远未结束。随着科技的进步，我们不断发现新的微生物种类，了解它们在生态系统中的重要作用，以及它们与人类健康的密切关系。从最初的光学显微镜到现代的电子显

---

① 病毒是否属于生命形式存在一定争议，但通常也将其视为一种特殊的生命形式。因为病毒没有细胞结构，由核酸和蛋白质外壳组成，不能独立进行代谢活动，必须依赖宿主细胞才能表现出生命现象。

微镜、原子力显微镜，再到基因测序技术，我们对微生物的认知不断深入。

　　每一次技术的进步都可能带来新的发现，揭示了微生物世界的新奥秘。这提醒我们，科学探索是一个永无止境的过程。今天，我们在回顾微生物被发现的历程时，不禁为人类的好奇心和探索精神所折服。这段历史告诉我们，保持对未知世界的好奇和探索的勇气，永远是推动科学进步的力量。

42

如何理解微生物在世界的默默付出

在这个浩瀚的世界中，有一群微小却强大的生命体，它们以一种近乎无形的方式塑造着我们的星球。这些微生物虽然肉眼难以察觉，却在地球的生态系统中扮演着不可或缺的角色。当谈论微生物时，人们往往首先想到的是疾病和危险，但从生态学的角度来看，微生物对地球环境和人类生存的贡献是深远且巨大的。

当我们凝视脚下的土地时，很少有人想到，这片看似平凡的泥土正上演着一场微观的生命奇迹。土壤微生物，这些无声的工作者，正在地下默默耕耘，为地球的生态系统做出巨大贡献。

它们的工作看似简单，却至关重要：分解有机物质；促进养分循环；固定大气中的氮气，将其转化为植物可以吸收的形式。这些对维持土壤肥力至关重要，是地球上所有植物生长的基础。

想象一下，没有这些微生物，我们的星球将会是什么样子的？没有它们，枯枝落叶将无法分解，养分将无法循环利用，植物将失去生长所需的重要营养。硝化菌、根瘤菌等微生物群体，就像植物世界的无名英雄，它们静静地工作，帮助植物获取养分，使得生命得以蓬勃发展。

在农业生产中，根瘤菌与豆科植物的共生关系尤为重要。这种奇妙的合作使得许多农作物能够茁壮成长，为人类提供丰富的食物来源。每一粒饱满的豆荚，每一株挺拔的玉米，背后都有这些微生物默默的付出。

我们在抚摸自己圆滚滚的肚子时，可曾想过，我们体内也存在着一个微观的宇宙，即人体肠道中的微生物群落，这是一个复杂而神奇的生态系统。这些微生物不仅帮助我们消化吸收食物，还参与调节我们的免疫系统，甚至影响我们的情绪和行为。

没有这些微小的伙伴，我们将难以充分利用食物中的营养，我们的消化系统也无法正常运作。它们就像我们体内的"加工厂"，将复杂的食物分子转化为身体可以利用的形式。

更令人惊叹的是，某些微生物还能够产生抗生素，成为我们对抗疾病的天然武器库。它们就像微型的药剂师，在我们体内默默地生产着各种有益物质，帮助我们维持健康。

当我们张开双臂拥抱大自然时，空气中、水中、土壤里，到处都有微生物在进行着重要的工作。它们参与全球生物地球化学循环，如碳循环、氮循环等，对维持地球生态平衡起着不可替代的作用。

例如，某些微生物能够固定大气中的二氧化碳，减缓全球变暖的进程。还有一些微生物参与氮的转化，确保这种重要元素在生态系统中的循环利用。这些看似微不足道，却是维持地球生命系统的关键环节。

甚至那些被认为有害的微生物，如某些病原体，也在生态系统中扮演着重要角色。它们促使其他生物进化出更强大的免疫系统，推动了生物多样性的发展。这提醒我们，在自然界中，每一个生命都有其存在的意义和价值。

微生物以其独特的方式参与着地球生态系统的服务，它们的贡献虽然常常被忽视，却构成了地球生命的重要支撑。我们需要重新审视微生物的意义，珍视它们的存在与贡献。

每一种微生物，无论大小，都有其独特的生态价值。即使我们当前可能无法完全理解它们的作用，我们也应该以谦逊和尊重的态度对待这些生命形式。正如我们赞颂那些致力于环境保护的名人一样，我们也应该重视那些默默无闻却不可或缺的微生物朋友。

微生物为我们的世界做出了无数默默的贡献。它们是地球生态系统的无声守护者，是生命网络中不可或缺的一环。作为地球上最具智慧的生物，人类有责任深入了解、珍惜并保护这些微小却强大的生命形式。

让我们用新的眼光看待微生物世界，感恩它们的存在，尊重生命的多样性。未来，随着科技的进步和对微生物的深入了解，我们或许能够更好地与其和谐共处，共同创造一个更加美好的地球家园。

43

微生物如何神奇地帮助人类

我们身边存在着一个肉眼难以察觉的世界。这个世界的居民——微生物，虽然个体微小，却在默默无闻地为人类文明做着巨大贡献。让我们一起揭开微生物世界的神秘面纱，探索它们如何以令人惊叹的方式帮助人类。

想象一下，在一个阳光明媚的葡萄园里，成熟的果实散发着甜美的香气。这些葡萄很快就会踏上一段神奇的旅程，而这段旅程的向导就是微小的酿酒酵母菌。

酿酒酵母菌是人类最古老的"伙伴"之一。它们能够将果汁中的糖分转化为酒精和二氧化碳，我们称这个过程为"发酵"。正是这种微生物的"魔法"，使得简单的果汁能够变身为醇厚的美酒，从而为人类的餐桌增添了无尽的欢愉。

从香槟到啤酒，从葡萄酒到白酒，每一种酒类饮品背后都有酵母菌的功劳。它们不仅仅是发酵的功臣，还能产生各种复杂的风味物质，赋予每种酒独特的口感和香气。

当品尝醇厚的酸奶或者香浓的奶酪时，我们不仅要感谢奶牛，还要感谢那些默默工作的乳酸菌。这些微小的生物能够将牛奶中的乳糖转化为乳酸，不仅赋予乳制品独特的酸味，还能延长其保质期。

乳酸菌家族庞大，每种乳酸菌都有其特性。有些能够产生特定的风味物质，有些则能够产生黏稠的质地。正是这些乳酸菌的多样性，造就了世界各地丰富多彩的乳制品文化。每一种乳制品都是乳酸菌与人类智慧的完美结晶。

我们的身体，特别是消化系统，是大量微生物的家园。这些微生物构成了我们体内的"微生物组"。它们的数量之多，甚至超过了人体细胞的总数。这些微小的生命形式并非简单的"乘客"，而是我们健康的重要守护者。

肠道菌群就像一个高效的"小型生化工厂"。它们能够帮助我们消化和吸收食物中的营养物质，特别是那些人体难以直接消化的复杂碳水化合物。更神奇的是，某些肠道菌还能合成人体必需的维生素，如维生素K和部分B族维生素。

除此之外，肠道菌群还扮演着"免疫系统训练营"的角色。它们与我们的免疫系统密切互动，帮助免疫系统识别"敌我"，提高我们抵抗病原体的能力。研究表明，健康的肠道菌群不仅与消化系统健康有关，还可能影响我们的心理健康和情绪状态。

然而，这个精密的系统也十分脆弱。不健康的饮食、过度使用抗生素等因素都可能导致肠道菌群失衡，进而影响我们的整体健康。

因此，维护肠道菌群的平衡成为现代健康理念中的重要一环。

微生物在人类医疗和工业生产中的贡献同样不可忽视。许多重要的药物，尤其是抗生素，都来源于微生物的代谢产物。例如，青霉素的发现就源于一种普通的青霉菌，这一发现彻底改变了人类与细菌性疾病的斗争历程。

在工业生产中，微生物也发挥着重要作用。从生产氨基酸、有机酸到制造生物塑料，微生物正在成为绿色工业革命的主力军。它们能够在温和的条件下高效地进行化学转化，为可持续发展提供新的可能性。

在环境保护领域，微生物同样功不可没。某些微生物能够降解难分解的有机污染物，在污水处理和土壤修复中发挥重要作用。还有一些微生物能够固定大气中的氮气，减少化肥的使用，为可持续农业发展做出贡献。

微生物虽小，但对人类的贡献是巨大的。从我们的餐桌到医疗保健，从工业生产到环境保护，处处都有它们的身影。这些微小的生命形式就像人类的"微型盟友"，默默地支持着我们的文明发展。

因此，我们有必要重新审视我们与微生物的相处方式，应该像保护可爱的小动物一样，珍惜和保护这些微生物朋友。它们不仅是人类健康的小天使，更是地球生态系统不可或缺的一部分。

44

病原体大揭秘：破解小病菌的攻击之谜

亲爱的小朋友们，你们是否曾经好奇过，为什么我们会生病呢？当我们感到不适时，其实是一场看不见的"微观战争"正在我们体内悄然展开。让我们一起揭开这个神奇的微观世界的面纱，了解那些顽皮的小病菌是如何偷袭我们的身体，并引发疾病的吧！

我们肉眼看不见的微观世界存在着各种各样的微生物。其中有些是对我们有益的"好朋友"，比如帮助我们消化食物的肠道菌群；但也有一些调皮捣蛋的"坏家伙"，即我们常说的病原体。

这些病原体包括细菌、病毒、真菌①和寄生虫等。它们像一群躲在暗处的小淘气，时刻等待着机会偷偷进入我们的身体。比如，能引起呼吸道症状的流感病毒、引起胃痛的幽门螺杆菌、喜欢攻击我们肺部的肺炎链球菌。

细菌有着令人惊叹的适应能力。它们可以分泌各种酶来分解我

---

① 部分真菌可以感染人体或其他生物，引起疾病，属于病原体，但也有一些真菌是对人体有益的，如酵母菌等。

们的组织，有些甚至能产生毒素。

病毒可能是自然界最狡猾的入侵者。它们就像微型的"特洛伊木马"，能够伪装成无害的物质，骗过人体细胞的防御系统。一旦进入细胞，它们就像"生物黑客"，劫持细胞机器，强迫细胞为它们制造更多的病毒。

真菌能在各种表面形成菌丝网络，可帮助其吸收营养和固定自身。一些真菌还能产生孢子，这些孢子可以通过空气传播，使其在更广泛的环境中扩散、繁殖。所以说，真菌是适应环境的高手。

寄生虫作为"不速之客"，往往会长期寄居在人体内，可以说是"打持久战"的行家了。

这些调皮的小病菌有很多种进入我们身体的方法。例如：当被感染的人咳嗽或打喷嚏时，带有病原体的小水滴会在空气中飞舞，被其他人吸入；通过接触被污染的物体表面，然后触摸自己的眼睛、鼻子或嘴巴；吃入被病原体污染的食物或饮用水；还可能通过被感染的蚊子、蜱虫等昆虫叮咬。

如果我们的身体抵抗力变弱，比如没有好好休息、营养不良或压力太大，这些小病菌就会抓住机会，悄悄潜入我们的身体。

一旦成功入侵，这些小病菌就会开始它们的"破坏"行动。它们会在身体适宜的部位迅速增多，有些病原体会分泌有害物质，破坏我们的细胞和组织。一些病原体，尤其是病毒，会直接进入我们的细胞内部，利用细胞的资源来复制自己。

病原体的存在会刺激我们的免疫系统，导致炎症反应，让我们出现各种不适症状，如发烧、咳嗽、头痛等。其实，这些症状大多是我们的身体在对抗入侵者！

不过，也别担心，我们的身体并非毫无还手之力。我们有一支强大的"卫队"——免疫系统！

其中，第一道防线是皮肤和黏膜，它们像城墙一样阻挡病原体的入侵。白细胞作为巡逻队在血液中巡查，寻找入侵者。T细胞和B细胞能够识别特定的病原体，如特种部队一般发起精准打击。一旦战胜某种病原体，我们的身体会记住它，以便下次更快地做出反应。

这场微观战争可能会持续几天到几周。在此期间，我们可能会感到不舒服，但这其实是身体在努力战斗的表现！就像发烧，这其实是我们身体的一种防御机制。升高的体温能抑制某些病原体的生长，同时加速我们的免疫反应。

虽然我们的免疫系统很强大，但我们也可以养成一些良好的生活习惯，帮助它更好地对抗病原体。比如，勤洗手，保持环境清洁，保证充足的睡眠，均衡饮食，以及适当运动。

人类一直在努力研究这些微小的"敌人"。科学家们通过了解病原体的生物学特性，不断开发新的防御和治疗方法。如mRNA疫苗技术，能更快地应对新出现的病原体，并且针对特定病原体的弱点设计靶向药物。

虽然这些病原体看起来很可怕，但别忘了，我们的身体是一个奇妙的防御系统，而且我们还有强大的科学武器。我们只要保持良好的生活习惯，并且相信科学，就一定能够战胜这些调皮的小病菌！

记住，生病并不可怕，它其实是我们身体在努力保护我们。下次，当你感到不舒服时，请保持乐观的心态，好好休息，相信你体内的"免疫卫士"一定会赢得这场小小的战斗！

45

命运共同体：人类和细菌的不解之缘

在浩瀚的生命长河中，人类和微生物之间的关系堪称一段跨越历史的传奇。当我们深入探讨人体与微生物的关系时，"命运共同体"这个词恰如其分地描述了这种密不可分的联系。这种关系不仅仅是简单的共存，更是一种深刻的、相互依存的生命纽带。

自人类祖先在这个星球上迈出第一步开始，我们的身体就成了无数微生物的家园。这些微小的生命形式与我们的身体构建了一种神奇而复杂的互利共生关系。每一个人从呱呱坠地的那一刻起，体内就已经居住着数以万亿计的细菌。它们主要栖息在我们的消化道、皮肤和其他器官表面，形成了一个独特的微生态系统。

这些微生物不是入侵者，而是我们身体不可或缺的一部分。它们协助我们消化食物，增强我们的免疫系统，甚至参与我们的代谢过程。因此，人类和细菌的关系就像一个和谐的大家庭，彼此相依相存，共同演绎着生命的奇迹。

在这个微观世界，细菌需要人体提供安全的栖息地和丰富的营养来源。对细菌而言，人体就是一个稳定的生态系统，为它们提供了理想的生存环境。反之，人类也从这些微小的伙伴那里获得了巨大的益处。微生物在我们的消化吸收过程中扮演着关键角色，帮助我们分解复杂的食物分子，合成某些必需的维生素，调节我们的免疫系统，甚至抵御有害病原体的入侵。

这种互惠互利的关系已经持续了数百万年之久。科学家们惊奇地发现，我们体内种类繁多的肠道菌群就像一个"第二基因组"，对人体的健康状况产生着深远的影响。这些微生物参与了我们身体的诸多重要过程，从食物的消化分解到维生素的合成，无不彰显着它们的重要性。

然而，这种微妙的平衡是脆弱的。当我们的饮食结构发生变化，或者我们过度使用抗生素时，体内的"细菌家人"就可能遭受打击，其数量和多样性都会受到影响。这种微生态失衡可能导致各种健康问题，从消化系统疾病到免疫系统紊乱，甚至可能影响我们的心理健康。

因此，维护体内微生物的平衡成为现代健康理念中的重要一环。我们需要珍视体内的微生物群落，通过合理的饮食、适度的运动和谨慎使用抗生素等方式，维持正确的微生态平衡。

尽管大多数微生物与我们和平共处，但不可忽视的是，某些细菌也会成为致病因子，挑战人类的健康防线。纵观人类历史，瘟疫和传染病曾多次给人类社会带来灾难性的打击。为了对抗这些微小却强大的敌人，人类发明了抗生素等医疗武器。

然而，这场战争似乎永无休止。细菌在进化过程中不断产生耐药性，使得一些曾经有效的治疗方法逐渐失效。这场微观世界的军备竞赛考验着人类的智慧和适应能力，也提醒我们需要更加谨慎地使用抗生素，以防止超级细菌的出现。

在漫长的进化历程中，人体内的微生物已经深深融入了我们的生存系统，成为人体不可分割的一部分。这种共生关系启示我们，生命的本质在于相互依存和平衡。我们需要像对待家人一样关爱体内的细菌，通过维护健康的生活方式来培养有益菌群，同时谨慎对待可能破坏这种平衡的行为。

展望未来，随着科技的进步和认知的深入，人类或许能够更好地利用这种共生关系，研发新的治疗方法，提高生活质量。我们可能会发现，很多健康问题的解决之道就藏在我们体内这个微观世界里。

人类和细菌的关系是复杂而深刻的。它们既是我们生命的重要组成部分，也是我们需要克服的挑战。这种既合作又竞争的关系，折射出生命演化的智慧和生态系统的奥妙。通过理解和尊重这种关系，我们不仅能够更好地维护自身健康，还能够获得对生命本质更深刻的洞察。未来，人类和细菌这个"命运共同体"将继续共同演绎生命的精彩篇章，谱写出更加和谐的共存之歌。

46

神秘真菌乐园：发现隐藏的奇妙世界

当我们放下日常的忙碌，拿起放大镜细细观察周围的环境时，一个令人惊叹的"真菌王国"悄然展现在我们眼前。这个王国以其多样性、适应性和神秘感吸引着我们的目光，邀请我们踏上一段奇妙的探索之旅。

真菌，这些不属于植物也不属于动物的生命形式，以其独特的方式存在于我们的世界中。它们的数量之多、分布之广，远远超出我们的想象。科学家估计，地球上存在超过200万种真菌，而我们目前仅仅认识了其中的一小部分。它们无处不在，却又巧妙地隐藏着，等待着被好奇的眼睛发现。

让我们首先将目光投向脚下的土地。这片看似平凡的泥土隐藏着一个复杂而神奇的世界。菌根真菌，这些细如发丝的地下精灵，在土壤中编织着一张巨大的网络。它们与植物的根系形成共生关系，这种合作堪称大自然的杰作。

菌根真菌就像植物的"地下助手"，它们帮助植物吸收水分和养分，特别是那些植物难以直接获取的矿物质。作为回报，植物为真菌提供碳水化合物。这种互利共生的关系不仅帮助植物茁壮成长，还维持着整个生态系统的平衡。想象一下，每当我们漫步在森林中，脚下都有这样一个微观世界在默默运作，这是多么神奇的事情！

当夜幕降临，某些真菌会展现出它们最神秘的一面。在热带雨林的深处或者某些潮湿的树洞中，你可能会遇到一种奇特的景象：发光的真菌。这些真菌能够发出柔和的蓝绿色光芒，仿佛森林中的小精灵，为黑暗的夜晚增添一抹梦幻的色彩。

科学家们仍在研究这种发光现象的确切原因，但这无疑为我们展示了真菌世界的又一奇迹。这些会发光的真菌不仅美丽，还为我们提供了研究生物发光机制的宝贵机会。

每当提到真菌，很多人首先想到的就是蘑菇。确实，蘑菇是真菌世界中最引人注目的成员之一。从鲜艳的红伞菇到洁白的平菇，从奇特的鬼笔菇到美味的松露，蘑菇的世界丰富多彩，令人着迷。

这些形态各异的蘑菇其实是真菌的果实体，它们的存在不仅为森林增添了色彩，也在生态系统中扮演着重要角色。有些蘑菇是美味的食材，有些则具有药用价值，还有一些则危险致命。这种多样性正是真菌王国的魅力所在。

在真菌的世界里，还有一些"异类"展现出令人惊恐的能力。某些寄生真菌能够侵入昆虫的体内，并控制宿主的行为。其中最著名的莫过于蚁群中的"僵尸真菌"。蚂蚁感染这种真菌后，会被操纵爬到植物的顶端，然后固定在那里死去。随后，真菌从蚂蚁体内长出，释放孢子，继续其生命周期。

这种行为操纵的能力不仅展示了真菌的适应性，也为科学家研究神经系统和行为科学提供了独特的视角。

真菌在生态系统中还扮演着"清道夫"的重要角色。它们能够分解复杂的有机物质，将其转化为简单的化合物，这对于养分循环和生态平衡至关重要。没有真菌的存在，枯枝落叶将会堆积如山，养分将无法回归土壤。

在森林生态系统中，真菌的这种分解作用确保了养分的持续循环，维持了生态系统的健康运转。这再次证明，在自然界中，即使是最微小的生命形式也可能发挥巨大的作用。

真菌不仅存在于野外，也与人类的日常生活密切相关。例如，我们喜爱的啤酒、面包和酱油，都离不开特殊的酵母菌的发酵作用。这些微小的真菌为人类的饮食文化做出了巨大贡献。

此外，某些真菌还被用于生产抗生素，如青霉素，这在医学史上是一个重大突破。真菌在医药、食品加工等领域的应用，展示了它们与人类文明的深厚联系。

我们所了解的真菌世界仅仅是冰山一角。真菌的形态、能力和生态作用远远超出我们的想象。它们构成了一个隐秘而奇妙的生物世界，等待着我们去探索和发现。

让我们带着好奇心和敬畏之心，拿起望远镜和显微镜，踏上探索身边未知真菌世界的旅程吧！当移开平淡的表面，我们必将被藏在其中的美丽和奥秘震撼。在这个过程中，我们不仅能增进对自然界的了解，也能培养对生物多样性的尊重和珍惜之情。

真菌世界是大自然给予我们的一份神奇礼物，它提醒我们，即使是最微小、最不起眼的生命形式，也可能蕴含着无限的奥秘和价值。让我们共同探索、珍惜和保护这个奇妙的真菌王国，因为在这个王国中，每一次发现都能带来惊喜，每一种真菌都在诉说着生命的奇迹。

47

拨开真菌和细菌的层层迷雾

在微观世界，真菌和细菌两类微小生物常常让人感到困惑不已。它们在许多方面确实存在相似之处，但同时也有着显著的区别。

首先，让我们走进真菌的世界。真菌既不是动物也不是植物，而是一个独立的生物王国。它们的身体结构犹如精细的白色丝线交织而成。虽然我们通常无法直接用肉眼观察到它们的存在，但它们在地下世界中默默地演绎着生命的奇迹。最为人所熟知的是，某些真菌种类能够在适宜的条件下形成我们常见的蘑菇。这些蘑菇不仅可以食用，还在生态系统中扮演着重要角色。真菌偏爱阴暗潮湿的环境，我们在森林的腐殖质层、朽木内部，甚至在建筑物的阴暗角落都能找到它们的踪影。

细菌同样是微小的生物，它们的存在往往需要借助显微镜才能观察到。在显微镜下，我们可以看到这些微小生物忙碌活动的景象，仿佛一个缩小版的繁华都市。有趣的是，许多细菌实际上生活在我们的体内，它们在消化系统中扮演着重要角色，帮助我们分解食物，维持肠道健康。

这两类生物与人类的关系都非常密切，它们广泛分布在我们的生活环境中，影响着我们的日常生活。它们的数量之多甚至超过了地球上所有人类的总和。

虽然细菌和真菌都是微生物，但它们之间存在着巨大的差异和复杂的关系。

首先，细菌是原核生物，它们的DNA直接散布在细胞质中；而真菌是真核生物，它们的DNA被包裹在细胞核中。其次，它们在细胞壁的组成上存在明显差异。真菌的细胞壁主要由甲壳质构成，细菌的细胞壁则含有肽聚糖，这使得它们在结构和功能上有所不同。最后，细菌通常以分裂的方式繁殖，而真菌可以通过孢子繁殖。这就好比细菌是在玩"分身术"，真菌则是在播撒"种子"。

细菌的营养获取方式非常多样化，既有能够进行光合作用的类型，也有依靠化学合成获取能量的种类。这种多样性使得细菌能够适应各种极端环境。从深海热泉到南极冰川，我们都能找到细菌的身影。

相比之下，真菌的营养方式相对单一，主要依靠吸收周围环境中的有机物质来获取营养。这种特性使得真菌在生态系统的物质循环中扮演着重要的分解者角色。

人类与微生物的关系复杂而微妙。一方面，某些细菌和真菌会引起疾病。在致病机制上，病原真菌通常引起皮肤和黏膜的表层感染，如足癣、念珠菌病等。致病细菌则更容易侵入人体内部组织和器官，从而引起更为严重的系统性感染。

但另一方面，我们也从微生物那里获得了巨大的益处。例如，很多传统食品，如奶酪、酸奶、泡菜等，都依赖于特定的细菌或真菌进行发酵。这些微生物就像我们的"美食助手"，帮助我们制作出各种美味。

真菌能够产生多种次级代谢产物，其中包括对人类极为重要的抗生素、有机酸等物质。这些代谢产物在医药、食品加工等领域有着广泛的应用。

细菌同样具有丰富的代谢能力，能够产生多种对人类有益或有害的物质。某些细菌产生的代谢产物在工业发酵、环境治理等领域发挥着重要作用。

从细菌到真菌，微生物的世界充满了奥秘和惊喜。它们虽然微小，却在地球生态系统中扮演着至关重要的角色。它们分解有机物，循环利用养分，维持生态平衡。它们与人类亦敌亦友，既能致病，又能治病。

未来，随着科技的进步，人类能够更好地利用这些微生物的特性，为解决环境、健康、能源等全球性问题提供新的思路和方法。

下次，当享用一片面包或者服用一粒抗生素药品时，你不妨想想这些来自微观世界的"礼物"。这个肉眼看不见的领域有着无数的奇迹在上演。随着科技的进步，我们对这个微观世界的认识将会越来越深入。也许在不久的将来，这些微小的生命形式会给我们带来更多惊喜和启示。

48

微生物学的技术进步带来了哪些科学突破

微生物学是一个充满活力和无限可能的前沿领域，其发展历程是技术革新与科学发现相互促进的完美例证。随着各种创新技术的出现，我们对微观世界的认知不断深化，揭开了一个个令人惊叹的生命奥秘。让我们一起回顾微生物学技术的进步历程，探索它们如何推动了这一领域的科学突破。

显微镜的发明无疑是微生物学发展史上的里程碑事件。17世纪末，荷兰人列文虎克通过自学磨制镜片的技术，最终成功制造出了显微镜，首次让人类看到了肉眼无法察觉的微生物世界。这一发现彻底改变了人类对生命的认知，开启了微生物学研究的新纪元。

随着光学技术的进步，现代显微镜可以将微生物放大数百甚至上千倍。这不仅让我们能够清晰观察微生物的形态结构，还能研究它们的运动方式和生长过程。复合显微镜、相差显微镜、荧光显微镜等的出现，进一步拓展了我们观察微生物的方式，使我们能从多个角度深入了解这些微小生命。

培养基技术的发展是微生物学研究的另一个重要突破。19世纪末，科学家们开始在实验室中培养微生物，这项技术为微生物学研究奠定了坚实的基础。

培养基技术不仅使我们能够获得用于研究的足够数量的微生物，还让我们能够分离和纯化特定的微生物菌株。通过观察不同微生物在培养基上形成的菌落形态、颜色和大小，科学家们可以初步鉴别不同种类的微生物。这项技术为后续的微生物分类学、生理学和生化研究奠定了基础。

此外，培养基技术也为抗生素的发现和开发提供了重要工具。正是通过培养基实验，英国细菌学家亚历山大·弗莱明在1928年发现了青霉素，开启了抗生素时代。

各种染色技术的发展极大地提高了我们观察微生物的能力。革兰氏染色法、抗酸染色法等技术不仅能够帮助我们更清晰地观察细菌的形态，还能根据细菌的染色特性进行分类。

荧光染色技术的出现更是将微生物观察推向了新的高度。通过特定的荧光染料，我们可以选择性地标记微生物的特定结构或生理活动，从而深入研究微生物的生命过程。

DNA测序技术的发展彻底革新了微生物学研究。这项技术使我们能够快速、准确地解读微生物的基因组序列，为微生物的精确分类和鉴定提供了强有力的工具。

通过比较不同微生物的DNA序列，科学家们可以研究微生物的进化历史，发现新的物种，甚至预测微生物的功能和特性。这项技术也为微生物的基因工程和合成生物学研究铺平了道路，开启了微生物应用的新纪元。

扫描电子显微镜和透射电子显微镜的出现，让我们能够在纳米尺度上观察微生物的超微结构。这些技术不仅让我们看清了病毒的形态，还揭示了细菌细胞壁、鞭毛等精细结构的详细信息。

电子显微镜技术的进步极大地推动了病毒学和细胞生物学的发展，帮助我们更深入地理解微生物的结构与功能关系。

随着高通量测序技术和生物信息学的发展，宏基因组学应运而生。这一技术允许我们直接分析环境样本中的所有微生物基因组，而不需要事先培养。这极大地扩展了我们研究微生物的范围，使我们能够探索那些难以培养或无法培养的微生物。

生物信息学工具的发展则使我们能够处理和分析海量的基因组数据，并从中发现新的基因功能，预测微生物的代谢途径，甚至重建整个微生物群落的功能网络。

随着科技的不断进步，我们可以预见微生物学研究将迎来更多令人兴奋的突破。单细胞测序技术将使我们能够研究单个微生物细胞的基因表达，CRISPR基因编辑技术将为微生物的基因工程提供更精确的工具，人工智能和机器学习的应用将帮助我们从海量数据中发现新的模式和规律。

微生物学是一个充满无限可能的领域。每一项新技术的应用都可能带来革命性的发现，揭示微生物世界的新奥秘。这不仅深化了我们对生命本质的理解，也为解决疾病治疗、环境保护、能源生产等全球性问题提供了新的思路和方法。

微生物学技术的进步是人类智慧的结晶，不仅推动了科学的发展，也改变了我们看待世界的方式。通过这些先进技术，我们得以窥见微观世界的神奇与复杂，感受生命的奇妙与多样。未来，随着技术的不断革新，我们有理由相信，微生物学将继续为我们带来更多惊喜和启示，帮助我们更好地理解和利用这个神奇的微观世界。

Part 7

生命的传奇：基因与进化的交响曲

49

人生之旅从一颗小小的受精卵开始

你是否曾经思考过，我们每个人的生命是如何开始的？这个看似简单的问题，实际上涉及了一个令人惊叹的生命奇迹。让我们一起探索这个神奇的过程，了解为什么人生之旅从一颗小小的受精卵开始。

想象一下，在一个微观的世界里，发生了一次惊人的相遇。当爸爸的精子（携带着一半遗传信息的微小使者）与妈妈的卵子（另一个承载着生命潜能的细胞相遇）时，一个奇妙的过程就此展开。这两个细胞融合在一起，形成了一个全新的实体——受精卵。

这个看似简单的融合过程，实际上是生命传承的关键时刻。它标志着一个全新生命的诞生，一个独特个体的开始。这颗微小的受精卵，虽然肉眼难以察觉，却蕴含着构建一个完整人类的所有必要信息。

受精卵的神奇之处在于它的遗传组成。人类有23对染色体，而精子和卵子各自只携带一半，即23条单独的染色体。当它们结合时，新形成的受精卵就拥有了完整的46条染色体，这就是一个人的全套遗传蓝图。

这个过程不仅仅是简单的信息相加，而是一次独特的基因重组。来自父母的基因以一种前所未有的方式结合在一起，创造出一个独一无二的遗传组合。这就解释了为什么兄弟姐妹之间会有相似之处，却又各自独特。

受精后，这个单一的细胞开始了一系列令人惊叹的变化。它首先分裂成两个细胞，然后是四个、八个……以指数级速度增长。这个过程被称为"细胞分裂"，这是胚胎发育的开始。

随着分裂的进行，细胞开始分化，形成不同的组织和器官。有些细胞将成为心脏，有些将成为大脑，还有一些将形成皮肤和骨骼。这个精密的过程受到基因的严格控制，每一步都按照受精卵中"编写"的指令进行。

那么，为什么这个微小的受精卵能够发育成一个完整的人呢？

首先，受精卵包含了来自父母双方的完整遗传信息，为未来个体的所有特征奠定了基础。受精卵具有惊人的分裂能力，可以产生构成整个人体所需的所有细胞。早期的胚胎细胞具有分化为任何类型细胞的潜力。这种特性被称为"多能性"。受精卵中含有丰富的营养物质，可以支持早期胚胎的快速发育。受精卵内部有复杂的生化机制，可以精确控制基因的表达，确保发育过程有序进行。

受精卵中的DNA就像一本详细的指导手册，包含了构建一个完整人类所需的所有信息。从眼睛的颜色到身高，从性格特征到某些疾病的倾向，都在这个微小的细胞中得到了初步的"编程"。

然而，重要的是要理解，虽然基因为我们的发展提供了蓝图，但环境因素也在塑造我们成为独特个体的过程中起着重要作用。我们的经历、教育、生活环境等都会影响基因的表达，这就是为什么即使是同卵双胞胎也会有差异。

从一个微小的受精卵到一个复杂的人类，这个过程展示了自然界最令人惊叹的奇迹之一。它提醒我们生命的珍贵和脆弱，也让我们对自身的存在产生深深的敬畏。

每个人的诞生都是一次独特的事件，是宇宙中无数巧合和精确过程的结果。我们了解到自己的生命旅程是如何开始的，也许会对生命本身有新的认识。

下次，当你看到一个可爱的婴儿时，请记住，每个人都是从一个肉眼难见的受精卵开始的。这个小小的细胞，承载着无限的潜能和可能性，正等待着在这个精彩的世界中绽放。

50

基因是生命的作曲家：一粒豌豆的故事

在生命科学的浩瀚篇章中，有一个看似平凡却蕴含深刻智慧的故事——孟德尔的豌豆实验。这个故事不仅揭示了遗传学的基本原理，更让我们领略到基因这位神秘的"生命作曲家"是如何谱写出生命的华美乐章的。

19世纪中叶，在奥地利的一座修道院花园里，格雷戈尔·孟德尔开始了他那看似简单却富有洞察力的豌豆实验。想象孟德尔正蹲在他的豌豆园里，仔细观察着不同豌豆植株的特征。有的豌豆植株很高，有的很矮；有的豆荚是绿色的，有的是黄色的；有的豆子是圆的，有的是皱的。孟德尔就像一个耐心的侦探，记录下这些看似随机的特征，试图找出其中的规律。

孟德尔发现，当他将一株高的豌豆植株与一株矮的豌豆植株杂交时，得到的后代都是高的。接着，孟德尔决定让这些高大的后代自花授粉。结果更加有趣：大约四分之三的植株是高大的，而四分之一的植株是矮小的。这就像一个神奇的魔术，高矮特征在代与代之间"消失"又"出现"。

通过对大量数据的统计分析，孟德尔惊讶地发现，豌豆的遗传并非随机，而是遵循着某种精确的数学规律。在他的实验中，高豌豆和矮豌豆的比例总是保持在3∶1左右。

这个简单却深刻的观察，成为现代遗传学的基础。孟德尔就像一位天才的音乐理论家，从简单的音符中发现了生命遗传的和声规律。

孟德尔通过这些观察得出了几个重要结论。

第一，高度这个特征就像一个开关，有"开"（高）和"关"（矮）两种状态。"开"的状态（高）会掩盖"关"的状态（矮），但"关"的状态并没有消失，只是被隐藏了。第二，每个植株都有两张遗传"彩票"，当产生花粉或卵细胞时，只会随机传递其中一张"彩票"给后代。第三，如果我们同时观察多个特征，比如豆荚的颜色和形状，那么每个特征都会独立遗传，就像同时抽取多张彩票，每次抽取都是独立的。

孟德尔的实验揭示了一个重要事实：下一代生物的特征是由遗传物质（我们现在知道这就是基因）的重新组合决定的。就像一位作曲家精心安排音符，基因也在精确地"编排"着生命的各个方面。

以豌豆的株高为例，高基因是显性的，而矮基因是隐性的。这就解释了为什么在子代中，高豌豆和矮豌豆会按照3∶1的比例出现。这种精确的数学关系暗示着基因在控制生命个体发育过程中的强大作用。

如果我们将生命比作一首美妙的交响乐，那么基因就是那位天才的作曲家。不同的基因组合就像不同的音符排列，可以创造出无穷无尽的生命形态，演奏出各种各样的"生命乐章"。

如今，得益于现代生物技术的飞速发展，我们已经能够直接解读生命的基因"乐谱"。通过基因测序，科学家们可以窥探生命起源的奥秘，理解各种生物特征的遗传机制。而这一切，都可以追溯到孟德尔那个简单而富有洞察力的豌豆实验。

一粒豌豆种子的基因组包含了豌豆从发芽、生长到开花结果的所有发育信息。这些信息就像一份精心编排的交响乐谱，指导着豌豆的整个生命历程。

作为生命过程的"总指挥"，基因精确地"谱写"出一个生物从受精卵到发育成熟的全过程。在这个过程中，不同的基因会在特定的时间"响起"，就像交响乐中不同乐器在适当的时候奏响。有些基因负责根的生长，有些控制叶片的形成，还有一些决定花朵的颜色和形状。这些基因的有序表达，最终"演奏"出一株完整、健康的豌豆植物。

然而，正如一首优美的乐曲中不能出现错误的音符，基因的"乐谱"也必须保持精确。如果基因中出现了"错位"的"音符"（基因突变），这就可能导致植物发育异常。这也解释了为什么基因的准确性如此重要——它直接决定了这首"生命乐曲"能否完美演绎。

因此，我们可以说，基因是生命中最基础的信息存储器和遗传程序的执行者。它不仅规定了生命可能的"乐章"，更是整个生命历程的"总谱作者"。从一粒小小的种子到一株繁茂的植物，再到结出的果实，每一个阶段都在基因的精确指挥下进行。

通过孟德尔的豌豆实验，我们得以一窥基因这位"生命作曲家"的神奇力量。它让我们理解到，生命的奇妙不仅在于其复杂性，更在于其背后蕴含的精确规律。正是这些看似简单的规律，谱写出了地球上丰富多彩的生命乐章。

下次，当看到一粒豌豆或者看到镜子中的自己的时候，你应该心怀敬畏。因为每一个生命体内都有一位天才的"作曲家"在不知疲倦地工作，谱写着生命的华美乐章。而这一切，都始于一粒普通的豌豆种子和一位富有洞察力的科学家的观察。

51

如何用四个碱基当音符奏响生命乐曲

你是否曾想象过，生命这部宏大而神奇的交响曲其实是由四个简单的音符谱写而成的？这个看似不可思议的事实，正是现代生物学向我们揭示的奥秘。在生命的乐章中，DNA分子上的四种碱基——A（腺嘌呤）、T（胸腺嘧啶）、C（胞嘧啶）和G（鸟嘌呤），就如同音乐中的四个基本音符，共同演奏着生命的华美乐章。

在我们每一个细胞的核心，这四种碱基以特定的顺序排列组合，犹如音符构筑成优美的旋律。DNA，这个承载生命遗传信息的分子，就像一份由A、T、C、G四个音符精心编排的乐谱。这四种碱基构成了最基本、最本质的生命语言，以其简约而不简单的方式，编码着生命的全部信息。

正如一位伟大的指挥家指挥交响乐团演奏出动人心弦的乐章，这些DNA音符的组合指挥着生命的整个进程。它们决定了我们的外貌特征，塑造了我们的个性，甚至影响着我们对疾病的抵抗力。就像音乐可以创造出各种氛围和情感，DNA的排列组合也展现出令人惊叹的多样性。

在这看似简单的四个音符之上，大自然创造了最为复杂和美妙的生命音乐。从微小的细菌到庞大的蓝鲸，从简单的苔藓到复杂的人类，不同生物的基因组组合展现出了千变万化的生命形态，每一种都是独一无二的生命乐章。

那么，这种看似简单又极其精妙的编码方式是如何实现的呢？让我们深入探索这个奇妙的过程。

A、T、C、G四种碱基可以两两结合，形成三联密码子。这些密码子就像音乐中的和弦，能够编码所有的氨基酸。通过不同的组合，这个简单的系统可以产生大量的编码可能性，足以表达生命所需的所有信息。

不同的基因按照特定的顺序组织在染色体上，就像音乐家精心安排每一个音符在五线谱上的位置。这种排列记载了生命体的发育程序，决定了从受精卵到成熟个体的整个过程。

当需要表达某个基因时，DNA会被转录成信使RNA，即mRNA。这个过程就像乐团中的演奏家们按照乐谱演奏音乐。随后，mRNA被翻译成蛋白质，这些蛋白质可以执行各种生命功能。

不同的组织和器官会选择性地表达不同的基因，就像同一份乐谱在不同的乐器演奏下可以呈现出不同的音色。这种精妙的调控使得同一套基因组能够演绎出各种不同的生命形式。

除了基因序列本身，DNA的化学修饰和染色质结构的改变也能影响基因的表达。这就像音乐中的力度、速度和表情记号，为生命的乐章增添了更多的层次和变化。

通过突变、自然选择和遗传漂变等机制，基因组在漫长的进化过程中不断改变和优化。这就像一首乐曲经过无数次的改编和演绎，最终形成了我们如今所见的丰富多彩的生命世界。

在复杂的生命系统中，不同的基因之间相互影响和调控，形成了复杂的基因网络。这就像一个庞大的交响乐团，每个乐器都在与其他乐器和谐配合，共同演奏出生命的华彩乐章。

通过这种简单又精妙的四音符编码系统，生命得以谱写出最为复杂和美丽的交响曲。从最微小的细胞过程到整个生态系统的运作，都在这四种碱基的指挥下井然有序地进行着。

我们在深入理解这个过程时，不禁会对生命的奇妙感到无比惊叹。仅仅依靠四个简单的"音符"，大自然就创造出了如此丰富多彩的生命世界。这不仅体现了生命的神奇，也展示了自然界的智慧和创造力。

未来，随着我们对基因组理解的不断深入，我们或许能够更好地"演奏"这首生命的乐章，为人类的健康和福祉谱写出新的篇章。但无论科技如何发展，我们都应该怀着敬畏之心去欣赏和保护这部伟大的生命交响曲，因为每一个生命都是独一无二的杰作，都值得我们去珍惜和尊重。

让我们一起倾听这部四音符交响曲，感受生命的律动，欣赏大自然的杰作，共同谱写人类与自然和谐共处的美好乐章。

52

身高决定论：个体发育高度是否完全由遗传决定

你们是否曾经好奇过自己长大后会有多高？或者，你们是否听过大人们说"这孩子的身高是遗传的"这样的话？今天，让我们一起来揭开身高发育的神秘面纱，探索一下这个既有趣又复杂的话题。

首先，我们要明白一个重要的观点：个体发育的高度并不是由单一因素决定的。虽然遗传确实扮演了重要角色，但我们不能用简单的"遗传决定论"来解释身高的发育过程。实际上，一个人最终能长多高，是多种因素共同作用的结果，就像一个复杂的方程式，需要我们仔细解读每一个变量。

让我们来看看这个"身高方程式"中的主要因素。

首先是遗传基因。

确实，我们的身高潜力在很大程度上来自父母的基因。这就像一个神奇的礼物盒，里面装着决定我们骨骼发育的秘密配方。如果父母身材高大，那么孩子也很可能继承这个"高个子基因"。但有趣的是，即使是同父母的兄弟姐妹，身高也可能会有很大差异。这告诉我们，基因虽然重要，但并不是唯一的决定因素。

其次是营养状况。

想象一下，如果我们的身体是一棵小树，那么营养就是帮助它茁壮成长的阳光和雨水。充足的营养能够为骨骼和肌肉的发育提供必要的"原料"。一个孩子即使拥有"高个子基因"，如果长期营养不良，也可能无法充分发挥自己的身高潜力。因此，均衡的饮食，包括充足的蛋白质、钙质和维生素，对身高发育至关重要。

再次是运动习惯。

适当的运动不仅能让我们保持健康，还能刺激身体分泌生长激素，促进骨骼和肌肉的发育。特别是一些拉伸类的运动，如篮球、排球等，可以帮助我们更好地"拔高"。所以，小朋友们，记得要多运动哦！

接着是睡眠质量。

你知道吗？我们的身体主要是在睡眠时间里长高的。充足的睡眠能让身体得到充分休息，促进生长激素的分泌。因此，保证充足的睡眠时间对身高发育非常重要。

最后是激素平衡。

体内的各种激素，特别是生长激素，对身高发育起着关键的调控作用。一些内分泌疾病可能会导致激素失衡，从而影响身高发育。这也是为什么保持身体健康如此重要。

最有趣的是，基因和环境并不是孤立作用的。它们之间存在着复杂的互动关系。同样的基因组合，在不同的环境中可能会产生不同的表现。这就像一首美妙的交响曲，基因是曲谱，而环境是演奏它的乐器和音乐家。

综上所述，虽然基因为我们的身高发育设定了一个大致的范围，但借助合理的饮食、充足的睡眠、适当的运动以及良好的生活环境，每个人都有机会充分发挥自己的遗传潜力，达到基因所允许的最大高度。

所以，亲爱的小朋友们，不要过分担心自己的身高。更重要的是，我们应该关注如何全面健康地成长。保持良好的生活习惯，均衡饮食，适度运动，以及保证充足的睡眠，都是帮助我们健康成长的关键。记住，每个人都是独一无二的，身高只是我们众多特点中的一个。真正重要的是，我们要努力成为最好的自己！

最后，让我们牢记：个体发育是一个复杂的过程，它是基因、环境、营养等多种因素共同作用的结果。我们不应该用简单的遗传决定论来解释它。相反，我们应该以开放、好奇的心态去探索生命科学的奥秘，了解更多关于人体发育的知识。这不仅能帮助我们更好地理解自己的成长，也能让我们对生命的奇妙有更深刻的认识。

让我们一起努力，在这个精彩的成长旅程中，不断探索，不断进步，绽放出属于自己的独特光彩！

53

基因可以像文档一样编辑吗

在科技飞速发展的当下，一项令人震撼的技术正在改变我们对生命本质的认知——基因编辑。这项技术让我们能够像编辑文档一样"编辑"生物的基因，开启了生命科学研究的新纪元。然而，这项强大的技术也带来了一系列复杂的科学和伦理问题，需要我们审慎思考。

我们的DNA就像一本精密复杂的生命说明书，用四种碱基（A、T、C、G）编码了生物体的所有遗传信息。这本说明书指导着我们的生长发育、新陈代谢，甚至决定了我们的某些性格特征。长久以来，这本说明书被认为是不可更改的，但基因编辑技术的出现，让我们有了"重写"这本说明书的可能。

基因编辑技术，特别是CRISPR-Cas9系统的出现，为科学家们提供了一把精准的"分子剪刀"。这项技术的工作原理可以类比为文字处理软件中的"查找和替换"功能。为了定位目标，科学家们先设计一段向导RNA，它具有搜索功能，能在庞大的基因组中精确定位到目标DNA序列。然后切割DNA，当向导RNA找到目标序列后，Cas9蛋白（相当于"剪刀"）就会在特定位置切断DNA双链。接下来编辑基因，DNA被切断后，科学家可以删除有害基因片段，插入有益基因，或者替换某些基因序列，就像在文档中进行复制、粘贴、删除和替换操作一样。最后修复DNA，细胞自身的修复机制会修复被切断的DNA，从而完成基因编辑过程。

基因编辑技术在多个领域展现出巨大的应用潜力。例如医学领域，有望治疗遗传性疾病，如镰状细胞贫血、杜氏肌营养不良等。

就像我们在文档中修正拼写错误一样，科学家们正在尝试修正导致遗传疾病的"DNA拼写错误"。镰状细胞贫血症是由一个单一的"字母错误"引起的。如果我们能像更改文档中的一个字母那样简单地更正这个错误，我们就可能治愈这种疾病。

在文档中，我们经常使用"查找和替换"功能。类似地，科学家们正在开发能够在整个基因组中搜索特定序列并替换它们的技术。这可能用于消除导致某些癌症的基因突变。

就像我们可以在文档中添加新段落一样，研究人员正在探索向人类基因组中添加全新基因的可能性。这可能带来令人兴奋的前景，比如增强人体免疫系统对抗疾病的能力。

在农业领域，我们可以培育抗病虫害、耐旱、高产的作物品种，提高粮食安全。此外，基因编辑有助于开发新的生物材料，或者设计能够降解污染物的微生物，用于环境治理等。

　　然而，基因编辑并非如编辑文档那样简单直接。生命系统的复杂性远超我们的想象。首先，精确性存在问题，尽管CRISPR技术已经相当精确，但仍存在"脱靶效应"，即可能意外编辑到非目标基因。其次，基因并非独立运作，而是形成复杂的网络。改变一个基因可能引发连锁反应，产生意想不到的后果。然后，基因编辑可能改变DNA的三维结构，影响基因的表达模式，这些效应难以预测。最后，基因编辑的长期影响，特别是对后代的影响，还需要更多研究。

　　基因编辑技术的发展也引发了一系列伦理问题。例如，是否应该允许对人类胚胎进行基因编辑？这可能影响人类进化的方向。如果技术允许，那么我们是否应该通过基因编辑来"增强"人类能力？如果基因编辑技术成为现实，那么我们如何确保其公平可及，避免加剧社会不平等？

　　基因编辑技术无疑是21世纪最重要的科技突破之一。它为我们打开了理解和改造生命的新窗口，但同时也带来了前所未有的挑战。我们需要继续基础研究，深入理解基因组的复杂性，提高编辑技术的精确性和安全性。同时，我们需要制定严格的伦理准则，规范基因编辑技术的应用。生物学家、医生、伦理学家、法律专家等需要共同努力，全面评估这项技术的影响，并且提高公众对基因编辑技术的认知，鼓励社会各界参与相关政策的制定。

　　基因编辑技术犹如一把双刃剑，它既有造福人类的潜力，也可能带来难以预料的风险。我们需要以谨慎和负责任的态度对待这项技术，在追求科技进步的同时，也要尊重生命的复杂性和神秘性。只有这样，我们才能真正发挥基因编辑技术的潜力，为人类的福祉做出贡献。

基因确实可以像文档一样编辑，但这个"文档"异常复杂，编辑过程充满挑战。未来，也许每个人都能成为自己生命故事的作者和编辑；但在那之前，我们还有很长的路要走。

54

为什么说基因突变是双刃剑

在生命的复杂舞台上，基因突变扮演着一个既神秘又关键的角色。它就像一把双刃剑，既可能带来惊人的进化飞跃，也可能引发致命的疾病。

想象一下，如果我们把生物的基因组比作一本精心编写的食谱，那么基因突变就像一位不请自来的"厨师"，时不时地对这个食谱做一些小小的改动。有时，这种改动可能会创造出美味的新菜品；但有时，它也可能导致烹饪的彻底失败。

基因突变本质上是DNA序列中的某些碱基发生了改变。就像你在抄写课文时，可能出现各种错误。例如，替换单个碱基，就像把一个字错写成另一个字，这是点突变。还有添加一个或多个碱基，相当于在句子中多加了一个字，这是插入突变。有添加就有丢失，如果丢失一个或多个碱基，就像不小心跳过了一个词，这就是缺失突变。还有一种可能性是改变了阅读框架，就像把所有的标点符号都移位了，这是框移突变。

这些改变可能来自DNA复制过程中的错误，也可能是由辐射、化学物质等环境因素引起的。无论原因如何，这些微小的改变都可能对生物体产生深远的影响。

让我们来看一个有趣的例子。想象一群生活在湖边的水蜥蜴，它们通常都是深绿色的，这种颜色能让它们很好地隐藏在水草中。然而有一天，一只与众不同的粉红色水蜥蜴宝宝诞生了！这就是基因突变的神奇之处。仅仅是控制体色的基因发生了一个微小的变化，就创造出了一个全新的表型。这只粉红色的蜥蜴可能会面临更大的被捕食风险，但在某些特殊环境下，它也可能获得意想不到的优势。

基因突变的影响可以说是千变万化，既有可能带来惊人的优势，也可能造成致命的后果。让我们来探讨一下突变的双面性。

从突变的积极面来看，突变是生物进化的根本动力。它为自然选择提供了原材料，创造了生物多样性。没有突变，就没有适应性进化。有些突变可能赋予生物体特殊的能力。例如，某些突变可能导致肌肉异常发达，或者增强对某些疾病的抵抗力。例如，某些人群中CCR5基因的突变使他们天生对艾滋病毒具有抵抗力。突变可能导致全新特征的出现，如我们前面提到的粉红色水蜥蜴。在合适的环境下，这些新特征可能成为生存优势。

反之，许多严重的遗传疾病都是由基因突变引起的。例如，囊性纤维化、镰状细胞贫血等都是单基因突变导致的疾病。某些基因突变可能增加癌症的风险。事实上，癌症本质上就是细胞中关键基因的突变累积导致的。有些突变可能导致重要蛋白质无法正常合成，从而影响生物体的正常功能。

不过，理解基因突变的复杂性对于我们正确认识这个现象至关重要。实际上，大多数基因突变对生物体没有明显影响。这些所谓的"沉默突变"不会改变蛋白质的功能。突变的影响在很大程度上取决于它发生的位置。发生在关键基因上的突变可能产生巨大影响，而发生在非编码区域的突变可能完全无害。突变的影响往往与环境相关。某个环境中有利的突变，在另一个环境中可能就成为劣势。单个小突变可能影响不大，但多个突变的累积效应的影响可能非常显著。这就是为什么某些疾病，如癌症，常常是多个基因突变共同作用的结果。

基因突变就像生命长河中激起的涟漪，有可能演变成滔天巨浪，也可能悄然消逝。它既是进化的原动力，又是疾病的祸根。

理解基因突变的双刃剑特性，也给我们带来了重要的启示。突变创造了生命的多样性。每一个生命都是独特的，值得我们尊重和珍惜。随着基因编辑技术的发展，我们有能力直接改变基因。但鉴于突变的复杂性，我们必须格外谨慎。环境因素可能诱发突变，保护环境不仅关乎当代人的健康，也影响着未来世代的基因健康。理解个体基因的差异，有助于发展更加精准的个性化医疗方案。

基因突变这把双刃剑，既蕴含着无限的可能性，也隐藏着潜在的风险。它提醒我们，生命是如此的精妙复杂，每一个微小的改变都可能带来巨大的影响。

　　作为这个星球上最具智慧的生物，我们有责任深入理解基因突变的本质，在科学探索和伦理考量之间找到平衡。我们应该以开放和包容的态度拥抱变化，同时保持对生命的敬畏之心。

生存竞赛：什么是适者生存

这个广阔而神奇的自然世界，每时每刻都在上演着一场看不见的"生存竞赛"。这场竞赛没有裁判，没有终点，却决定着地球上所有生命的命运。这就是我们常说的"适者生存"，这是一个简单却深刻的自然法则，也是达尔文进化论的核心概念之一。

什么是"生存竞赛"？

想象一下，在一片广袤的草原上，各种动物和植物都在为了生存而努力。这片草原就是生存竞赛的舞台。在这个舞台上，每个生命都在竭尽全力地表演，试图赢得"生存"这个终极奖项。

生存竞赛并不是我们常见的体育比赛，而是一场关于如何更好地适应环境、繁衍后代的长期较量。在这场竞赛中，参与者是同一物种的不同个体，甚至是不同物种。它们为生存资源（如食物、水源、栖息地等）竞争，同时也在竞争繁衍的机会。

想象一群小兔子生活在一片森林里。有的兔子跑得特别快，有的听力极其灵敏，还有一些特别聪明。当一只饥饿的猎鹰俯冲而下时，跑得最快的兔子往往能够逃脱。这些幸运的"逃兵"活下来后，会把自己的"快跑基因"传给下一代。随着时间的推移，整个兔子群体就会变得越来越擅长奔跑，更能躲避猎鹰的捕食。

在茫茫白雪覆盖的北极，白色的北极熊显得格外适应环境。它们的毛色不仅能够很好地隐藏自己，避开警觉的猎物，还能更好地保暖。相比之下，如果有一只棕色的北极熊，那么它在雪地里会格外显眼，不仅难以捕获猎物，自身也更容易成为猎物。久而久之，白色的北极熊就会在这个环境中占据优势，繁衍更多后代。

在非洲大草原上，食物和水源往往稀缺。长颈鹿独特的长脖子让它们能够轻松地吃到高处的树叶，获得其他动物无法触及的食物来源。那些脖子较长的长颈鹿更容易获得充足的食物，因此有更大的机会存活下来并繁衍后代。经过漫长的进化，长颈鹿的脖子就变得越来越长。

"适者生存"这个看似简单的概念，实际上揭示了生命演化的深刻规律。它告诉我们，生命是如何在不断变化的环境中顽强地生存下来，又是如何进化出如此丰富多彩的形态。理解这个概念，不仅能帮助我们更好地认识自然界，也能让我们反思人类在这个星球上的位置和责任。

"适者"并不意味着最强壮或最聪明的个体，而是指在特定环境下相对更适应的个体。例如，在寒冷的环境中，体型较大、脂肪层较厚的动物可能更有优势；而在炎热的环境中，体型较小、散热能力强的动物可能更容易生存。

"适者生存"不是生物主动选择的结果，而是环境施加选择压力的结果。环境变化会淘汰那些不适应的个体，而保留那些更适应的个体。

当环境发生变化时，"适者"也可能随之改变。例如，在气候变暖的情况下，原本适应寒冷环境的物种可能会面临生存挑战，而那些更能适应温暖环境的物种可能会占据优势。

生存竞赛强调了遗传多样性的重要性。种群中的遗传变异为适应环境变化提供了原材料。没有这种多样性，物种将难以应对环境的变化。

"适者生存"是推动生物进化的重要机制。通过这种方式，生物的特征会朝着更适应环境的方向演化，从而形成我们如今所见的丰富多样的生命世界。

"适者生存"不仅影响单个物种，还维持着整个生态系统的平衡。每个物种都在不断适应环境，同时也在改变环境，形成了一个复杂的相互作用网络。

在面对当今世界的各种挑战时，我们也许可以从"适者生存"的智慧中汲取灵感。它提醒我们要保护生物多样性，尊重自然规律，同时也鼓励我们勇于适应变化，不断创新。毕竟，在这个瞬息万变的世界中，唯有适应才是永恒的主题。

56

我们能破译生命的奥秘吗

生命，这个看似熟悉又神秘莫测的存在，一直是人类探索的终极目标之一。我们能否真正破译生命的奥秘？这个问题不仅挑战着科学的边界，也触及了哲学和伦理的深层思考。让我们一起踏上这场探索生命奥秘的奇妙旅程，见证人类智慧的光芒如何照亮生命的神秘殿堂。

我们体内的每一个细胞都藏着一本厚厚的"说明书"，这就是我们的基因组。这本说明书用一种神奇的语言——DNA碱基对的序列——记载了构建一个完整的"你"所需的所有信息。从你的眼睛颜色到你的性格特征，从你的身高到你对某些疾病的易感性，都在这本说明书中有所记载。

在这场破译生命密码的伟大征程中，人类基因组计划无疑是一个闪耀的里程碑。这个始于20世纪90年代的宏大项目，堪称现代科学史上最具雄心的探索之一。

成千上万的科学家，来自世界各地的顶尖实验室，齐心协力，用了整整13年的时间，终于完成了一项看似不可能的任务——测序出人类全部基因组的DNA序列。这相当于破译了一本由大约30亿个字母组成的天书！这本"天书"中的每一个字母都是A、T、C、G四种碱基之一，它们的排列顺序决定了生命的本质。

人类基因组计划的完成，就像我们第一次获得了生命的详细设计图。它为我们提供了解读人类生命蓝图的基础，让我们能够更深入地研究DNA与健康、疾病之间的关系。有了这份"设计图"，医生未来可以更精准地了解每个人的身体状况，为患者提供量身定制的治疗方案。基因组序列让我们能够更好地理解人类的进化历史，以及我们与其他生物之间的联系。这项成就为生物技术的发展提供了强大的工具，推动了基因治疗、克隆技术等领域的进步。

人类基因组计划的成功，仅仅是开始。它为我们打开了一扇通向生命奥秘的大门，而这扇门后还有无数待探索的未知领域。例如，仅仅知道基因的序列是不够的，我们还需要理解每个基因的具体功能，以及它们之间的相互作用。通过比较不同物种的基因组，我们可以更好地理解生命的进化过程，以及不同生物之间的联系。我们开始认识到，基因的表达不仅受DNA序列的影响，还受到环境因素的调控。这为理解基因与环境的相互作用提供了新的视角。基于对基因组的理解，科学家们正在尝试"设计"和"合成"新的生命形式，这可能彻底改变我们对生命的认知。

尽管我们在解读生命密码方面取得了巨大进展，但我们还远未触及生命的全部奥秘。生命系统的复杂性远远超出我们的想象。基因之间的相互作用、基因与环境的互动，都构成了一个极其复杂的网络。尽管我们的技术在不断进步，但在某些领域，如脑科学研究，我们的技术手段仍然十分有限。随着基因编辑技术的发展，我们必须慎重考虑这些技术的伦理影响。我们有权利"设计"生命吗？即使破译了所有的基因密码，我们是否就真正理解了生命的本质？意识、情感这些看似无形的特质，是否能够用基因来完全解释？

人类基因组计划的完成，无疑是人类探索生命奥秘道路上的一个重要里程碑。它展示了人类团结合作、勇于探索的精神，也为我们打开了理解生命的新视野。然而，我们还有很长的路要走。

每一次的突破都在提醒我们：生命的奥秘比我们想象的要复杂得多。这不应该让我们气馁，而应该激发我们更大的好奇心和探索欲。同时，随着我们对生命理解的深入，我们也应该保持对生命的敬畏之心。

让我们继续这场伟大的探索，用科学的眼光去观察，用智慧的头脑去思考，用敬畏的心灵去感受。也许有一天，我们会发现，生命最大的奥秘，不仅仅在于它的复杂性，更在于它的简单与美丽。在破译生命密码的过程中，我们不仅在理解生命，也在理解我们自己，以及我们在这个浩瀚宇宙中的位置。

Part 8

无声的保卫战：人体如何应对病原

前事不忘后事之师：传染病大流行的历史

在人类文明的长河中，传染病大流行如同一道道阴霾，曾多次笼罩在我们的头顶。然而，正是这些看似黑暗的时刻，激发了人类的智慧和勇气，推动了医学和公共卫生的进步。如今，当我们面对新的健康挑战时，回顾历史不仅能让我们汲取宝贵的经验教训，更能增强我们战胜困难的信心。

早在文明初期，传染病就已经与人类展开了漫长的较量。古埃及、古希腊和古罗马的文献都有关于瘟疫的记载。这些早期的疫情虽然造成了巨大的生命损失，但促使人类开始思考疾病的本质和预防的方法。希波克拉底等古代医学先驱的理论，为后世的医学发展奠定了基础。

14世纪，席卷欧洲的黑死病无疑是人类历史上最为惨烈的疫情之一。黑死病由鼠疫杆菌引起，通过跳蚤传播。这场疫情夺走了欧洲近三分之一的人口，造成社会秩序的全面崩溃。然而，正是这场浩劫，促使人们开始重视公共卫生，采取隔离措施，并逐步建立起城市卫生系统。威尼斯设立的第一个隔离站，可以说是现代防疫措施的雏形。

16世纪，美洲大陆的原住民正遭受着一种他们从未见过的可怕疾病——天花。天花随着欧洲探险家来到美洲，对没有免疫力的原住民造成了毁灭性的打击。正是这次疫情，促使人类发明了第一种疫苗。1796年，英国医生爱德华·詹纳发现，接种牛痘可以预防天花。这开创了人类对抗传染病的新纪元！

19世纪，多次霍乱大流行席卷全球，这不仅是对各国应对能力的严峻考验，更成为推动现代公共卫生系统建立的重要契机。约翰·斯诺博士在伦敦霍乱爆发期间的调查研究，揭示了污染水源与疾病传播的关系，奠定了现代流行病学的基础。各国政府也开始重视城市规划、下水道建设等基础设施，大大改善了城市环境卫生状况。

1918年暴发的西班牙流感是人类历史上最致命的流感大流行。在现代交通条件下，疫情以前所未有的速度蔓延全球。这次大流行不仅暴露了当时全球公共卫生体系的脆弱性，也凸显了国际合作在应对传染病方面的重要性。各国通过限制人员流动、实施隔离等措施，最终控制住了疫情。这次经历为后来建立世界卫生组织（WHO）等国际卫生机构奠定了基础。

有趣的是，这次疫情被称为"西班牙流感"，并不是因为它起源于西班牙，而是因为作为中立国的西班牙自由报道疫情，而其他参战国都在审查相关新闻。这提醒我们，在疫情期间，信息的透明和准确何等重要。

20世纪后期至21世纪初，人类又面临了HIV/AIDS、SARS等新型传染病的挑战。这些疫情的防控充分体现了全球合作与科技进步的重要性。国际社会通过共享信息、协调行动，开发新药物和疫苗，在应对这些疾病方面取得了显著进展。SARS疫情的快速控制，展示了现代公共卫生体系的效能，也为之后应对新型传染病积累了宝贵经验。

新冠疫情再次提醒我们，传染病仍是全人类面临的共同威胁。这场全球性的大流行不仅考验着各国的公共卫生体系，也对全球治理能力提出了新的要求。然而，正如历史所昭示的那样，人类终将战胜这一挑战。我们看到，科学家们以前所未有的速度开发出疫苗，各国政府和民众也在不断调整策略，应对疫情带来的各种挑战。

回顾这段跨越千年的抗疫历程，我们可以得出以下启示。从迷信到科学，人类对疾病的理解不断深化，这是我们能够有效应对传染病的关键。建立健全的公共卫生体系是预防和控制传染病的根本保障。在全球化时代，任何一个国家都无法独自应对传染病威胁，国际合作至关重要。每个人的卫生习惯和社会行为都会影响疫情的传播，公民意识的提高是控制疫情的重要因素。面对新的健康威胁，人类社会需要不断创新，迅速适应新的挑战。

历史告诉我们，虽然传染病大流行会给人类带来巨大苦难，但我们总能在逆境中成长，变得更加强大。面对当前和未来的挑战，我们应该保持理性乐观的态度，相信科学，加强国际合作，不断完善公共卫生体系。只要我们团结一致，汲取历史教训，勇于创新，人类就一定能够战胜一切疾病的挑战，构建一个更加健康、安全的世界！

58

病毒大军来袭：我们该如何保卫家园呢

想象一下，我们的身体是一座繁华的城市，而病毒就像一群觊觎这座城市的入侵者。它们悄无声息地潜入，意图占领我们的细胞，将其变成自己的复制工厂。面对这样的威胁，我们该如何保卫我们的"家园"呢？

就像古代城市有坚固的城墙一样，我们的身体也有自己的防线。皮肤就是我们的城墙，鼻腔、口腔和眼睛等处的黏膜则是城门。这些物理屏障是我们抵御病毒入侵的第一道防线。

想象你在厨房准备晚餐，不小心被柠檬汁溅到了眼睛。你会立即感到刺痛，眼睛开始流泪。这其实是你的眼睛在试图冲走可能的入侵者！同样，当你感冒时，鼻子会变得通红和肿胀，这是你的鼻腔正在加强"城防"。

因此，在日常生活中，勤洗手、保持个人卫生这些简单的习惯就像定期修缮城墙，能够有效阻挡病毒的入侵。

如果病毒突破了城墙，我们体内的白细胞就会像勤勉的卫兵一样巡逻全身，寻找并消灭入侵者。

想象你的血管是城市的街道，白细胞就是在街道上巡逻的警察。当发现可疑分子（病毒）时，它们会立即发出警报并开始追捕。有些白细胞，如自然杀手细胞，就像特种部队一样，能够直接消灭被病毒感染的细胞。

因此，保持充足的睡眠、均衡的饮食和适度的运动，就像为这些"卫兵"提供良好的训练和装备，让他们能够更好地执行任务。

我们的免疫系统有一个惊人的特点：它能够"记住"曾经遇到过的敌人。这就像城市有一个庞大的情报网络，能够迅速识别和应对熟悉的威胁。

例如，当你第二次感染同一种病毒时，症状往往会较轻，恢复也更快。这是因为你的身体已经学会了如何对付这个特定的入侵者。疫苗就是利用了这一原理，就像给你的免疫系统提供了一份"通缉令"，让它知道未来应该警惕哪些敌人。

因此，按时接种疫苗，就像定期更新你身体的"病毒数据库"，让你的免疫系统时刻保持警惕。

当病毒入侵时，我们的身体会启动一系列防御机制，其中最明显的就是发烧。这就像城市进入了紧急状态，提高了整体警戒级别。

想象整个城市突然升高了温度，街道变得滚烫。对于入侵者（病毒）来说，这是一个极其不友好的环境。同时，这样的高温环境能够加速我们的免疫细胞的活动，就像让我们的防御部队进入了

"超频"状态。

适度的发烧其实是好事，但如果体温过高，我们还是要及时就医。

我们的肠道栖息着数以万亿计的有益细菌，它们就像我们身体中的"友好邻邦"。这些细菌不仅帮助我们消化食物，还能协助我们对抗病毒入侵。当病毒入侵时，这些"友好邻邦"会协助我们的免疫系统，共同抵御入侵者。

因此，食用富含益生菌的食物，如酸奶、泡菜等，或者服用益生菌补充剂，就像不断地邀请更多"友好邻邦"来到我们的城市。

别忘了，我们的心理状态也会影响我们的免疫功能。持续的压力和消极情绪就像城市内部的动乱，会削弱我们抵抗外敌的能力。

一个内部矛盾重重、居民情绪低落的城市，和一个团结一心、充满希望的城市相比，哪个更有可能在面对入侵时坚持到底？显然是后者。

因此，学会减压，保持乐观积极的心态，培养兴趣爱好，以及维护良好的人际关系，都能帮助我们建立强大的心理防线。

面对病毒大军的来袭，我们的身体有多重防御机制。但是，要真正守护好我们的"家园"，还需要我们积极配合，通过健康的生活方式来不断强化这些防御。记住，预防胜于治疗。让我们共同努力，将我们的身体打造成一座坚不可摧的堡垒，让病毒无机可乘！

在这场与病毒的持久战中，每个人都是自己健康的守护者。通过理解我们身体的防御机制，并采取相应的保卫策略，我们就能更好地保护自己和身边的人。

59

免疫大逃杀：人体免疫系统如何清除入侵病毒

当病毒悄然潜入我们的身体时，这些入侵者狡猾而危险，意图占领并破坏安宁的体内环境，一场惊心动魄的"免疫大逃杀"随即展开。我们的免疫系统，这支训练有素的生物防御军团，立即启动全面应对措施，与入侵者展开一场殊死搏斗。这个过程不仅复杂精妙，更彰显了生命的神奇与韧性。

当病毒跨过皮肤或黏膜这道天然屏障，潜入我们体内时，免疫系统的"哨兵"细胞——树突状细胞和巨噬细胞迅速发现入侵者。它们就像尽职尽责的警察，在体内巡逻，时刻警惕着异常情况。一旦发现病毒，这些哨兵细胞立即释放细胞因子，这些化学信使犹如警报声，迅速传遍全身，动员其他免疫细胞加入战斗。

响应警报的第一批"部队"是我们的天然免疫系统。巨噬细胞和嗜中性粒细胞如同特警队员，迅速赶到现场。它们凭借模式识别受体，识别病毒的特征分子模式，然后展开"近身搏斗"。这些受体好似分布在城市各处的智能摄像头。它们能够识别病毒的特征，就像摄像头能识别可疑人员一样。一旦发现入侵者，它们立即拉响警报，启动全城戒备。最后，这些细胞会吞噬病毒，在细胞内将其分解，就像警察逮捕并审讯罪犯。同时，它们还会释放更多细胞因子，进一步激活免疫系统。

如果病毒突破了第一道防线，那么更为精密的适应性免疫系统便会随即登场。这支队伍反应较慢，但极其精准。想象一下，一支高度专业化的特种部队，需要时间进行情报收集和战略部署，一旦行动起来，就能精准打击敌人的要害。B淋巴细胞是这支部队中的"精密制导武器"专家。它们能够识别特定病毒的抗原，并产生相应的抗体。这些抗体就像专门定制的"病毒消灭弹"，可以精准地找到并中和病毒，或者标记病毒以便其他免疫细胞识别和清除。

与此同时，另一支特种部队——T淋巴细胞也加入战斗。其中，细胞毒性T细胞就像训练有素的特种兵，能够识别并直接杀死被病毒感染的细胞。它们利用细胞表面的T细胞受体识别感染细胞上展示的病毒抗原，然后释放细胞毒素，引发感染细胞的程序性死亡，有效阻止病毒的进一步扩散。

抗体的出现标志着战斗进入了白热化阶段。这些Y形的蛋白质能够精准锁定并中和病毒。如同城市上空突然出现了成千上万的微型无人机，它们不停地搜寻并捕获入侵者。有些抗体会直接中和病毒，使其无法入侵细胞；有些则会标记病毒，方便其他免疫细胞识别并清除。

在这场激烈的免疫大战中，各种免疫细胞之间还会进行密切配合。辅助性T细胞就像战场指挥官，它们通过释放细胞因子来协调其他免疫细胞的行动，增强B细胞的抗体产生能力，激活更多的细胞毒性T细胞，形成一个高效的免疫网络。

随着战斗的进行，免疫系统还在为未来做准备。部分B细胞和T细胞会转化为记忆细胞，它们就像经验丰富的老兵，记住了这次病毒入侵的细节。如果同样的病毒再次来袭，这些记忆细胞能够迅速识别并发起更快、更强的免疫反应，这就是疫苗和自然感染后产生免疫力的原理。

在这场多层次、全方位的免疫防御中，大多数病毒难逃覆灭的命运。正是免疫系统的这种强大又灵活的防御能力，使我们能够在充满微生物的环境中生存和繁衍。当然，这场战斗的结果也取决于病毒的特性和我们身体的整体状况。保持健康的生活方式，适度锻炼，以及保证充足的睡眠，都能够增强我们的免疫力，让它在未来的战斗中更加所向披靡。

这场发生在我们体内的"免疫大逃杀"，展示了生命的奇妙和复杂。它不仅是一场关乎个人健康的战役，更是生命进化长河中永不停息的角力。了解这个过程，能让我们更加珍惜自己的身体，也为医学研究提供了无限灵感。让我们为这个隐藏在体内的神奇防御系统喝彩，也为生命的智慧和顽强赞叹！

60

病毒伪装者：我们的免疫系统能识破它们吗

在漫长的进化历程中，病毒作为细胞内病原体，已经发展出各种精妙的策略来逃避宿主的免疫监视和清除。这场持续不断的"军备竞赛"使得病毒成为伪装的大师。然而，面对病毒的诡计多端，我们的免疫系统又是如何应对的呢？让我们一同揭开这场惊心动魄的生物学较量的神秘面纱。

有些病毒的确是伪装大师，它们的外壳能够巧妙地模仿人体正常细胞的表面特征，试图逃避免疫系统的监视。这就像一场精心策划的"变装秀"，病毒的外衣可以随意变换"颜色"和"花纹"，企图混淆视听，逃过免疫系统的火眼金睛。

流感病毒就是这样的高手。它们能够快速变异其表面蛋白，就像不断更换面具。这就是为什么我们需要每年接种新的流感疫苗，因为上一年的"通缉令"可能已经过时了。

面对这种情况，我们的免疫系统采取了"广撒网"的策略。它会产生各种不同的抗体，希望能覆盖病毒可能的变异。这就像卫兵们准备了各种不同的识别口令，以应对入侵者可能的伪装。

有些病毒采取了"特洛伊木马"的策略，它们伪装成无害的物质，诱导我们的细胞主动将它们吞噬。

某些呼吸道合胞病毒就是这方面的高手。它们能够伪装成细胞外膜泡，这些泡泡看起来就像细胞间正常交流的信使。我们的细胞会主动吸收这些"信使"，结果却引狼入室。

对此，我们的免疫系统进化出了更加复杂的识别机制。某些免疫细胞能够识别这些伪装的病毒颗粒中的特殊模式，这就像卫兵们学会了识别伪造的通行证。

还有些病毒则像披上了隐形斗篷，悄悄地潜伏在我们体内，直到时机成熟才现身。

疱疹病毒就是这样的高手。它们能够在神经细胞中潜伏多年，不被免疫系统发现。当宿主压力大或免疫力下降时，它们才会"重出江湖"，造成复发。

对此，我们的免疫系统保持着持续的警惕。某些特殊的T细胞会定期"巡逻"，检查是否有病毒逃脱、潜伏。这就像堡垒中有专门的侦察兵，不断搜索可能藏匿的入侵者。

一些病毒不仅善于伪装，还能主动干扰我们的免疫系统，就像派出了一支超级间谍队伍。

埃博拉病毒就有这样的本领。它们能够产生一种蛋白质，这种蛋白质会干扰我们的干扰素信号通路。干扰素是我们对抗病毒感染的重要武器，而埃博拉病毒相当于切断了我们的通信系统。

面对这种情况，我们的身体会启动多重防御机制，除了依赖干扰素，还会动员其他类型的免疫细胞。这就像堡垒不仅依赖中央指挥，还训练每个卫兵能够独立作战。

有些病毒虽然伪装技术不够高明，但采取了数量取胜的策略。它们复制得如此之快，以致免疫系统来不及——识别。

导致普通感冒的鼻病毒就是这样的高手。它们在上呼吸道快速复制，产生大量病毒颗粒，往往在免疫系统反应过来之前就已经造成了症状。

面对这种情况，我们的免疫系统会快速动员大量的非特异性防御机制，如产生炎症反应、分泌黏液等。这就像面对大规模入侵，堡垒会立即封锁所有出入口，同时召集所有可用的卫兵。

总之，我们的免疫系统也不是"吃素"的，拥有多样化的病毒识别机制。例如，模式识别受体能够识别病毒所具有的共同分子模式，而不仅仅依赖于其外衣。适应性免疫反应允许系统不断优化对病毒的识别机制，例如逐步增强抗体的覆盖面和特异性。记忆细胞是免疫系统的"老兵"，它们记住了各种病毒的特征，能够快速识别并应对既往遇到过的病毒变种。即使病毒稍作改变，这些细胞也能从局部特征中认出它们的"老对手"。免疫系统还会不断更新其"武器库"，产生新的免疫细胞来对抗病毒的最新伪装技术。

多样化的免疫合作形成了一道道防线，即使病毒侥幸突破了一道防线，仍然可能被下一道防线拦截。这种层层设防的策略大大增加了免疫系统的可靠性和有效性。

病毒的伪装技术可谓无所不用其极，从完美复制到快速变异，从隐形潜伏到主动干扰，它们的手段不断进化。然而，我们的免疫系统也在这场军备竞赛中不断升级。通过复杂的识别机制、多重防御策略和持续的警惕，我们的身体在大多数情况下能够成功识破这些伪装者。

经过漫长岁月的进化，我们的免疫系统已经对病毒的各种诡计了如指掌。只要我们保持免疫力的强健，就能够从容应对病毒的挑战。这场人类与病毒之间永不停息的博弈，正是推动免疫系统不断进化和完善的动力。

让我们以积极的态度面对这一挑战，通过健康的生活方式来增强自身免疫力，为我们勤勉工作的免疫细胞提供最好的支持，共同守护我们的健康！

61

疫苗小天使：它们如何帮助我们对抗病毒

在这个充满挑战的世界，我们的身边有一群无声的守护者，它们就是疫苗——微小却强大的"健康天使"。它们默默地守护着我们的健康，为我们构筑起对抗病毒的坚固堡垒。让我们一起来看看这些疫苗小天使是如何帮助我们与病毒斗智斗勇的吧！

如果我们的免疫系统是一支精锐的军队，那么疫苗就是这支军队的特殊教官。它们的工作不是直接与敌人作战，而是通过模拟战争场景，训练我们的免疫系统，让它在真正的战斗来临时能够从容应对。

疫苗中含有被削弱或灭活的病毒，或者病毒的某些特定成分。这就像给我们的免疫系统展示了一张"通缉令"，让它提前认识到潜在的敌人长什么样子。

例如，麻疹疫苗就像带着一群戴着麻疹病毒面具的演员来到我们的城市。这些演员看起来像麻疹病毒，但实际上是无害的。我们的免疫系统会仔细观察这些"演员"，学习如何识别真正的麻疹病毒，并制定对策。这就像警察在训练中学习辨认各种犯罪分子的特征，以便在真正的罪犯出现时能够迅速反应。

接种疫苗后，我们的免疫系统会产生特定的抗体和记忆细胞。这就像我们的免疫军队建立了一个详细的"敌人档案库"。一旦真正的病毒入侵，这些记忆细胞就能迅速识别并发出警报，组织快速有效的防御反应。

当真实的病毒入侵时，已经接种疫苗的人体能够迅速启动防御机制。预先准备好的抗体就像早已埋伏好的特种部队，能够快速锁定并消灭入侵者，往往在病毒造成实质性伤害之前就将其歼灭。

例如，接种过水痘疫苗的人，即使多年后遇到真正的水痘病毒，身体也能迅速做出反应。想象一下，你小时候认识了一个朋友，即使多年不见，再次相遇时你还是能一眼认出他。我们的免疫系统就是这样的"记忆大师"！

在新冠疫情面前，科学家们展现了疫苗研发的新技术。mRNA疫苗就像给我们的免疫系统发送了一份"病毒特征图纸"。

疫苗的防护作用不仅仅局限于个体，还能在更广泛的范围内发挥作用。首先，通过接种疫苗，个人获得了针对特定病毒的免疫力，大大降低了感染、发病和重症的风险。在一个群体中，如果有足够多的人接种疫苗，就会形成"群体免疫"。这就像在整个社会中筑起了一道无形的防护墙，使得病毒难以在人群中传播，从而保护那些无法接种疫苗的弱势群体。不同类型的疫苗可以刺激体液免疫和细胞免疫，形成多层次、全方位的防护网络。这种综合防御策略使得我们的免疫系统能够更加有效地应对各种复杂的病毒入侵。

疫苗不仅仅是一种医学产品，更是人类智慧的结晶，对社会发展有着深远的影响。疫苗帮助我们从被动应对疾病转向主动预防。大规模疫苗接种是控制传染病、提高人口健康水平的关键手段。预防疾病比治疗疾病更加经济，疫苗的广泛使用可以大大减少医疗支出，提高社会生产力。疫苗的研发和推广促进了国际合作，推动了全球卫生事业的发展。

从最早的牛痘疫苗到最新的mRNA疫苗，人类在疫苗领域的探索从未停止。每一次疫苗的进步，都是人类智慧的结晶，也是我们战胜疾病的重要武器。

感谢那些孜孜不倦的科学家，是他们的辛勤努力让这些"小天使"得以诞生，为人类健康做出了巨大贡献。疫苗的发明和应用，无疑是人类医学史上最伟大的成就之一。

然而，我们的征程还未结束。面对不断变异的病毒和新出现的传染病，科学家们仍在不懈努力，研发更加有效、安全的疫苗。同时，我们也应该积极配合，按时接种疫苗，为构建一个更健康、更安全的世界贡献自己的力量。

62

为什么说抗生素是一种"魔法药物"

在人类医学史上，抗生素的发现和应用无疑是一个划时代的里程碑。这种被誉为"魔法药物"的物质，不仅彻底改变了我们对抗细菌感染的方式，更是拯救了无数生命，极大地提高了人类的平均寿命。

抗生素最令人惊叹的特性在于它的精准性。它能够精准地攻击细菌，同时对人体细胞几乎没有伤害。想象一下，在我们的身体这个微观战场上，抗生素就像一支训练有素的特种部队，能够在不伤及无辜的情况下，精确地找到并消灭入侵的细菌。

抗生素能够特异性地识别并攻击细菌细胞的特定结构或功能，如细胞壁、蛋白质合成系统等。这种选择性意味着抗生素可以在不对人体细胞造成严重伤害的前提下，有效地清除病原体。这种精准打击能力，堪比魔法师的点石成金。

例如，青霉素就像一个智能炸弹，它能够识别细菌细胞壁上的特定结构，并将其摧毁。而人体细胞没有这种结构，所以安然无恙。

这就像在拥挤的街道上，狙击手能够精准地击中恐怖分子，而不伤及无辜平民。

不同类型的抗生素拥有不同的作用机制。有些抗生素阻止细菌细胞壁的合成，有些干扰细菌的蛋白质合成，还有一些影响细菌DNA的复制。这种多样性使得医生可以根据不同的感染类型选择最适合的"魔法武器"。

在抗生素出现之前，许多细菌感染是致命的。一场小小的伤口感染可能导致败血症，而肺炎则常常是绝症。一位患者可能今天还健康如常，但几天后就因为肺炎离世。抗生素的出现彻底改变了这一局面，就像给医生提供了一根魔法棒，能够将死神拒之门外。

抗生素能够迅速杀死或抑制细菌的生长，从而迅速扭转感染的进程。这种快速见效的特性，在危急情况下尤为重要，常常能够在生死边缘挽救病人。在手术等高风险情况下，预防性使用抗生素可以有效降低感染风险，这在现代医学实践中起到了至关重要的作用。

抗生素不仅拯救了人类的生命，还极大地提高了农业生产效率。在养殖业中，适量使用抗生素可以预防动物疾病，提高生长速度。这就像给农场安装了一个强大的免疫系统，大大减少了疾病带来的损失。

抗生素的发现和广泛应用不仅改变了医学实践，更深刻地影响了整个人类社会。自抗生素问世以来，人类的平均寿命显著提高。曾经致命的疾病变得可以治愈，这极大地改善了人类的生存状况。

随着婴幼儿死亡率的大幅下降和人均寿命的延长，社会人口结构发生了巨大变化，这进一步影响了经济、教育和社会福利系统。抗生素的成功激发了人们对其他"魔法药物"的追求，推动了现代药物研发的快速发展。

抗生素的发现源于对自然界的观察和研究。青霉素的发现就是一个著名的例子，它启发我们思考如何更好地利用自然界的智慧来改善人类生活。1928年，亚历山大·弗莱明在一次实验中无意发现，一种霉菌能够抑制金黄色葡萄球菌的生长。这种霉菌产生的物质后来被命名为青霉素，开启了抗生素时代的序幕。

抗生素的发现凸显了保护生物多样性的重要性。自然界中可能还有许多未被发现的"魔法药物"等待我们去探索。

抗生素确实堪称现代医学的"魔法药物"。它不仅拯救了无数生命，还深刻地改变了人类社会。然而，我们也应该认识到，这种"魔法"并非无所不能。抗生素耐药性的出现提醒我们，需要更加谨慎和智慧地使用这一宝贵资源。这促使我们思考如何可持续地利用科技成果。

展望未来，我们应该继续探索新的抗生素，同时也要寻找替代疗法。更重要的是，我们需要从抗生素的故事中汲取智慧，学会如何更好地与自然和谐相处，为人类的可持续发展开辟新的道路。

63

超级细菌：它们会不会打败抗生素呢

超级细菌对抗生素的挑战是当今医学界面临的一个严峻问题，它不仅牵扯到公共卫生安全，更关乎人类医疗的未来。

什么是超级细菌？

超级细菌，这个听起来像科幻小说中的名词，实际上是指那些对多种抗生素产生耐药性的细菌。它们就像经过特殊训练的"特种部队"，能够抵抗我们常用的"武器"——抗生素。这些细菌的出现让医学界和公众都感到忧心忡忡。

在正常情况下，常规抗生素能够有效对抗大多数细菌感染。然而，由于自然选择和进化的力量，一些细菌通过基因突变获得了抗药性。这些"幸存者"繁衍后代，逐渐形成了具有强大抗药性的细菌群体，我们称之为超级细菌。

这个过程可以类比为一场微观世界的"军备竞赛"。每次我们使用抗生素，就相当于对细菌世界施加了一次选择压力。那些恰好携带抗药性基因的细菌存活下来，并将这种优势传递给后代。

不合理使用抗生素，如未按医嘱完成全程用药，给了细菌产生耐药性的机会。同时，人们在畜牧业中大量使用抗生素来促进动植物生长，加速了耐药菌株的产生。另外，人口流动加速了耐药菌株的跨地域传播。这些都有可能成为超级细菌产生的原因。

一些超级细菌不仅能抵抗一种抗生素，还能同时抵抗多种抗生素。这就是所谓的多重耐药性。许多超级细菌已经对主要类别的抗生素产生了耐药性，这使得某些感染的治疗变得异常棘手。例如，耐甲氧西林金黄色葡萄球菌和耐碳青霉烯类肠杆菌科细菌等，都给临床治疗带来了巨大挑战。

细菌有一个令人惊讶的能力：它们可以相互传递耐药基因。这个过程叫作水平基因转移。想象一下，在一个巨大的游戏世界，玩家们可以自由交换技能和装备。一个普通玩家可能突然获得了顶级玩家的全套装备，立刻变得无比强大。细菌就是通过这种方式快速获得耐药性的。

这意味着，即使只有少数细菌获得了耐药性，这种能力也可能迅速扩散到整个细菌群体中。这大大加速了超级细菌的产生和传播。

在全球化的当下，超级细菌的传播速度比以往任何时候都快。这提醒我们，抗生素耐药性不是某个国家或地区的问题，而是一个全球性的挑战。

尽管超级细菌的出现令人担忧，但我们也不应过度恐慌。通过调整用药方案，我们仍有应对之策。加强个人卫生习惯和公共卫生措施，可以有效阻断超级细菌的传播。严格遵医嘱使用抗生素，可以显著减少耐药菌群的形成。科学家们正在不懈努力研发新型抗生素和替代疗法。开发新的抗生素组合策略，可以提高治疗效果，延缓耐药性的产生。加强国际的信息共享和研究合作，有助于更好地应对这一全球性挑战。

虽然超级细菌对人类健康构成了严峻威胁，但这并非一场没有希望的战斗。我们要鼓励制药公司和研究机构开发新型抗生素。我们要利用基因测序等技术，实现对症下药，减少不必要的抗生素使用。我们要加强健康教育，提高公众对抗生素合理使用的认识。我们要建立更严格的抗生素使用监管制度，特别是在农业和畜牧业领域。我们还要结合生物学、化学、医学等多学科力量，寻找创新性解决方案。

超级细菌的挑战无疑是严峻的，但它也推动了医学界的创新和进步。这场与细菌的较量，考验的不仅是我们的科技水平，更是我们的智慧和决心。只要我们保持警惕，采取科学措施，持续创新，人类终将在这场微观战争中占据上风。

在这场看不见的战争中，每个人都是战士。通过明智的行动，我们可以帮助保护抗生素这一珍贵的医学资源，确保它能继续在未来拯救生命。

64

中医的独特智慧：神奇的中草药

想象一下，你正漫步在一片郁郁葱葱的森林中。周围的每一株草、每一棵树，在普通人眼中可能只是平凡的植物。但在中医的世界里，它们可能都是蕴含神奇力量的宝藏。今天，让我们一起探索中草药的奇妙世界，领略中医的独特智慧。

中医作为一种传承千年的医学体系，凝聚了中华民族的智慧结晶。中草药作为中医的重要组成部分，以其独特的理论体系和丰富的临床实践，在维护人类健康方面发挥着不可替代的作用。

中草药的使用可以追溯到远古时代。据传说，神农氏尝百草，创制医药，为中草药的发展奠定了基础。随着时间的推移，古人通过不断实践和总结，逐步形成了系统的中药理论和使用方法。

上古时期有神农尝百草传说，后世医者经过长期积累，在秦汉时诞生了托名"神农"的《神农本草经》。到了东汉时期，张仲景的《伤寒杂病论》确立了方剂学的基础。中药理论在唐宋时期进一步完善，本草学蓬勃发展。明清时期，李时珍的《本草纲目》是集大成之作，标志着中药学的巅峰。

中草药的使用建立在中医理论的基础之上，包括阴阳五行、脏腑经络等概念。这些理论为中草药的分类、配伍和应用提供了指导，像四气五味（四气：寒、热、温、凉。五味：酸、苦、甘、辛、咸），描述药物的性质和作用。

中医的核心理念之一是整体观，认为人与自然是密不可分的整体。例如，在中医看来，一株普通的车前草不仅仅是路边的杂草，更是大自然赐予我们的礼物。它的叶子可以清热利湿，种子可以明目，整株植物都有其独特的医疗价值。这就像大自然为我们准备的一个个"绿色药房"，只要我们懂得如何使用，就能从中获益。这种观念让我们重新思考人与自然的关系，提醒我们要尊重和珍惜周围的一草一木。

中医理论中的阴阳概念，可以理解为身体内部的平衡。中草药常被用来调节这种平衡。

例如，人参被认为是大补元气的良药，具有强烈的"阳"性特质。而石斛则性寒，具有滋阴的作用。在中医看来，根据个人体质的不同，合理搭配这些阴阳属性不同的草药，就能达到调和阴阳、恢复健康的目的。

这就像在调节一个精密的天平，使其保持完美的平衡状态。中医师的工作，就是根据每个人的独特情况，精确地添加或减少"砝码"，以达到最佳的平衡状态。

　　此外，中医的一大特点是"辨证论治"，即根据每个人的具体情况制定治疗方案。

　　例如，同样是感冒，有人会表现为怕冷、无汗，中医称之为"风寒感冒"；有人则会发热、口渴，被称为"风热感冒"。对于这两种情况，中医会开具不同的方子。前者可能会使用辛温解表的药物如桂枝、生姜；后者则可能用薄荷、菊花等清热解毒的药物。

　　这种个性化的治疗方法，在某种程度上可以说是现代精准医疗的先驱。它提醒我们，医疗不应该是"一刀切"的，而应该根据每个人的独特情况量身定制。

　　在中医理念中，很多食物本身就具有药用价值，这就是"药食同源"的概念。

　　例如，我们常吃的山药不仅可口，还能健脾养胃；平常喝的绿豆汤，其实有清热解毒的功效。在中医看来，合理地将这些具有药用价值的食材纳入日常饮食，可以起到养生保健的作用。

　　这就像将医院和厨房合二为一，通过日常饮食来维护健康，预防疾病。这种观念启发我们重新审视我们的饮食习惯，用更加健康的方式滋养我们的身体。

　　随着科技的发展，许多传统中草药的有效成分被现代科学证实，并被开发成新药。

　　例如，从黄花蒿中提取的青蒿素，成为治疗疟疾的特效药，挽救了无数生命。这项发现让屠呦呦教授获得了诺贝尔生理学或医学奖。这就像在古老的宝库中发现了能解决现代问题的钥匙。

这种传统与现代的结合，不仅证实了中医药的价值，也为新药研发开辟了新的途径。它告诉我们，古老的智慧与现代科技并不矛盾，相反，它们的结合可能会迸发出惊人的创新力量。

随着科技的进步，中草药的研究也进入了新的阶段。现代科学技术的应用，使得我们能够更深入地了解中草药的作用机制。我们可以利用现代分析技术，精确识别中草药中的活性物质。我们还可以通过分子生物学、细胞生物学等方法，揭示中草药的作用原理，将中草药与现代医学相结合，从而发挥各自优势。

不可否认的是，中草药面临着一系列挑战与机遇：建立统一的中药质量标准，确保用药安全，推动中医药走向世界，增进文化交流，保护珍稀药用植物资源，实现可持续发展，开发新型中药，满足现代人的健康需求。

中草药承载着中华民族的智慧和文化，是中医这一独特医学体系的重要组成部分。在现代社会，中草药不仅没有被淘汰，反而焕发出新的生机。通过现代科技的助力，中草药正在以更加科学、规范的面貌服务于人类健康。

展望未来，我们有理由相信，随着研究的深入和应用的拓展，中草药将在全球医疗卫生事业中发挥更大的作用。让我们共同珍惜和发扬这一宝贵的文化遗产，为人类的健康事业做出更大的贡献。